ゲノム操作と人権

新たな優生学の時代を迎えて

● 天笠啓祐

解放出版社

はじめに　一線を越えた

いま生命操作は明らかに臨界点を越えた。その越え方は、かつての原子力に似ている。かつて「原子力の平和利用」という呪縛があり、けっこう根強いものがあった。その平和利用推進を支えた論理が、「自主・民主・公開」という三原則だった。しかし、その三原則といい平和利用といい、幻想であることは原発の破綻によってより鮮明になるのだが、実に1986年に起きた旧ソ連・ウクライナ共和国で起きたチェルノブイリ原発事故まで、この幻想は続いた。1980年代初め、米国でスリーマイル島原発事故が発生した直後に、私はある出版社から依頼されて原発問題の入門書を書いた。刊行した出版社が、この本の広告をある政党の機関誌に掲載しようとして断られた。核兵器には反対だが、平和利用には賛成だというのがその理由だった。その後、その政党は原発批判に転じるのだが、「平和利用」の幻想の強さを物語るものである。

生命操作では、薬の開発や医療への利用が、原子力の平和利用にあたる推進の論理である。例えば作物や食品への応用は問題だが、薬の開発や医療への応用ならば問題ない、むしろ進めるべきだ、というのが大勢である。それを口実に、研究・開発は積極的に進められてきた。しかも、その口実を突破口に、医薬品や医療への応用以外のさまざまな分野で応用が進められてきた。しかし、その幻想が崩れてきたのが、いまである。

生命操作は、基本的なところに大きな問題がある。ひとつは、生命そのものがまだ、解明されているとはいえず、解明にはほど遠いところにある。確かに生命現象の解明は進められてきたが、1を知れば、10の新たな疑問が生じる、その繰り返しである。しかし、認識と実践は別である。操作は可能になった。その操作には必ず生命観や価値観がつきまとう。それがもうひとつの問題である。例えば治療が遺伝子レベルにまで達すれば、遺伝子改造が可能になり、これは「より優れた人間」を目指す動きにつながっていく。これは必然的流れなのである。加えて、いまは経済優先社会である。研究者たちは開発合戦を繰り返し、企業は商品化を目指して動いている。技術が先行し、生命操作の範囲は次々に拡大されてきた。その結果、いま生命操作は明らかに臨界点を越えた。

それをもたらした技術こそが「ゲノム編集」である。自在に操作できる技術を持ったことで、これまで「禁忌」とされてきた領域に操作の対象が次々と入り込みはじめ、しかも深入りしはじめたのである。そのひとつが、人間の受精卵操作の始まりである。「禁忌」とされる領域があり、これまでは不可侵とする領域があった。その代表である人間の生殖系に操作の対象が入りはじめたのである。日本においては、その背景には、イノベーション（技術革新）を国家戦略に掲げる現政権の一連の政策がある。このイノベーションが、ゲノム編集というとてつもない技術を持つことで、一線を越えはじめたといえる。

後で報告する動物性集合胚という人間と動物の雑種づくりでの子ども誕生の容認や、任意の精子と卵子を組み合わせた受精卵の作成の容認など、これまで「生命倫理」の立場からとても許されなかった操作が容認された。これまでは新しい医療や医薬品の開発には反対できない、という暗黙の合意があった。遺伝子組み換えの際にも、それの呪縛は生き続けていた。しかし、いまやゲノム編集を用いた新しい医療開発に向けた動きが、人間の受精卵の操作をもたらし、しかも生命体の誕生まで容認し、実際に誕生させるまでになった。これは生命操作が一線を越え、危険な領域に入ったと見るべきである。

生命操作の背後には、より優秀な人間をつくる、あるいはより劣等な人間を淘汰するという、優生学の世界が控えている。その優秀な人間づくり、あるいは劣等な人間を淘汰するという考え方は、人間をその時代の価値観で選別することになり、差別を助長することになる。生命操作という世界が、差別や偏見を助長し、人権を侵害していくことになる。それはすでに起きはじめているのである。

　このことは同時に、医療への応用、新薬の開発だから容認するという、これまでの考え方が許容されない領域に入ったといえる。

ゲノム操作と人権　目次

第1章 ゲノム編集がもたらした社会的衝撃

遺伝子組み換えとゲノム編集

新しく登場した科学や技術が政治や社会に大きな影響や、時には大きな変化を与えることはよくある。遺伝子組み換え技術はその代表といえる。ゲノム編集という、新たに登場した技術もまた、そのひとつである。

ゲノム編集の登場の仕方は、遺伝子組み換え技術の時とよく似ている。当時を振り返ってみよう。1970年代前半、遺伝子組み換え実験は繰り返し行われてきた。しかし、当初の方法は難しく、なかなか研究が進まなかった。それを打ち破ったのが、1973年にスタンフォード大学のスタンレー・コーエンとカリフォルニア大学のハーバート・ボイヤーが開発した方法だった。それまで難しかった遺伝子組み換えを容易に行える方法を開発したことで、研究が一挙に進む可能性が出て、その先には生命を遺伝子レベルで改造できることまで想定された。

その結果、大きな論議が巻き起こった。その論議の火付け役は、スタンフォード大学のポール・バーグだった。そして遺伝子組み換え実験の一時停止を求める「バーグ声明」が出されたのである。その声明を受けて、1975年に米国カリフォルニア州で、世界中から科学者が集合して「遺伝子組み換え実験をどのように進めるべきか」を決めるアシロマ会議が開かれた。この会議の結果、遺伝子組み換え実験の自主規制が行われたことは、科学史上の大きなエポックになった。

ゲノム編集も決して新しい技術ではない。第一世代のZFN（ジンク・フィンガー）法が開発されたのは1996年である。第二世代のTALEN（タレン）法が開発されたのは2010年である。しかし、それまでは注目されることも、大きな議論を呼ぶこともなかった。しかし2012年に第三世代のCRISPR-Cas9（クリスパー・キャスナイン）が開発され、圧倒的に操作が容易になったことで、一挙に注目を集めたのである。そのことを最もよく象徴しているのが、特許権争いである。第一世代、第二世代では起きなかったこの争いが、第三世代では熾烈に展開されたのである。

CRISPR-Cas9は、特定の遺伝子（DNA）への案内役であるガイドRNAとDNAを切断するハサミの役割をもった酵素の組み合わせで、そのハサミを用いて案内役が導いた先の遺伝子を壊せるようになったのである。それまでは目的とする遺伝子を壊すことは容易ではなかった。主に遺伝子組み換え技術で行われてきたが、複雑な操作が必要で、しかもマウスでしかできなかった。そのような特定の遺伝子を壊したマウスのことを、「ノックアウトマウス」と呼んでいた。さまざまな病気や障害を意図的に引き起こし、その治療法や治療薬を開発するために作成されてきたのである。

それまで操作が難しく、しかもマウスだけだった「ノックアウト」動物づくりが、CRISPR-Cas9の登場で容易になっただけでなく、さまざまな動物で可能になったのである。しかも人間にも応用できるようになった。

遺伝子を壊すと何ができるか。生物はバランスや調和で成り立っている。そのバランスや調和を崩すことで、さまざまなことが可能になる。例えば成長を抑制する遺伝子の働きを壊すと、成長が早まり、筋肉質な家畜や魚づくりが可能になる。これはミオスタチン遺伝子という筋肉の成長を制御する遺伝子を壊し、成長を制御できなくした動物づくりである。遺伝子を壊されコントロールを失った家畜や魚は、成長が早まり筋肉質になる。すでに成長を早めた筋肉質の牛や豚、トラフグやマダイなどが誕生している。

生命体は、ホメオスタシスと呼ばれる、調和やバランスの上に成り立っている。成長を促進する機能があれば、抑制する機能があり、それを支配している遺伝子がある。その一方を意図的に壊すことで、さまざまな応用が可能になる。もともと突然変異で起きるケースもあるが、それを意図的にもたらすことを意味する。

その意図的にDNAを切断した位置に、DNAを挿入することもできる。すでに、このような操作は始まっているものと思われるが、まだ、うまくいったケースは発表されていない。しかし、この操作が行われるようになると、遺伝子を壊して、そこに新しい遺伝子を挿入するという、遺伝子交換が可能になるため、操作の範囲は一段と広がる。

遺伝子とは、DNAの上に載っている遺伝情報の単位を意味する。すなわち一つひとつの単位のことである。それに対してゲノムとは、すべての遺伝子を指す。遺伝子組み換えが一つひとつの遺伝子の操作であるのに対して、ゲノム編集では遺伝子全体を操作の対象にしているといっていい。はるかにスケールアップした遺伝子操作なのである（図1参照）。

ゲノム編集が登場したときと遺伝子組み換えが登場したときとの、もうひとつの大きな違いは、すでに遺伝子組み換え技術が定着し、生命操作に対する抵抗感が薄らいだことにあるといってよい。しかし、その薄らいだことこそが、危険な状況を生み出すといってよい。原子力も、福島第一原発事故が起きる直前は、いつの間にか原発の安全神話が流布し、人々の関

図1　ゲノム編集の概念図

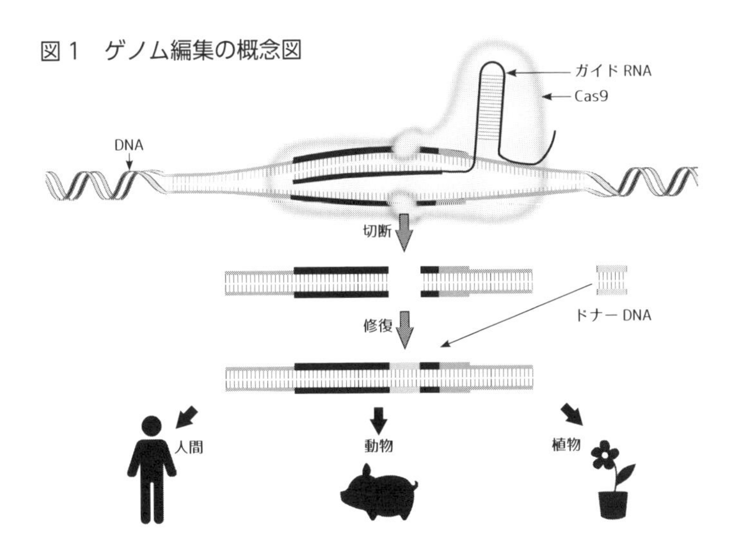

心も薄らいでいた時期にあたる。生命操作への関心が薄まった時期だからこそ、改めてゲノム編集技術の応用の現状と問題点について考えてみよう。

開発が進むゲノム編集食品

この技術の応用が進んでいるのが作物などの食品の分野である。米国では、2015年からサイバス社が開発したスルホニルウレア（SU）系除草剤に耐性を持たせたナタネの試験栽培が始まり、2019年から本格的な栽培が始まった。このナタネより後から開発されながら、先行して2018年から商業栽培が始まり、すでに市場に出ている作物が、カリクスト社が開発した高オレイン酸大豆である。2019年には大量に生産され、米国中西部で食用油として、また飼料として使用が始まっている。

2018年4月5日に米農務省は、繊維分を増やすようゲノム編集で改造された小麦についても、遺伝子組み換えではないので規制の必要はなく、そのため評価の必要もない、と発表して、栽培を認めた。このゲノム編集小麦も、カリクスト社が開発したもので、同社では2016年にすでに規制は必要ないとして栽培が認められたウドンコ病抵抗性小麦に続く2種類目のゲノム編集小麦で、これらはすぐにも本格的な栽培が始まろうとしている。

その他にもトランス脂肪酸を含まない大豆、変色しないマッシュルーム、ソラニンを減らしたジャガイモ、アクリルアミド低減ジャガイモ、干ばつ耐性トウモロコシ、収量増小麦などで開発が進んでいる。遺伝子組み換えでは消費者や農家の反対が強く挫折してきた小麦での開発が目立っている。

日本では農業・食品産業技術総合研究機構（農研機構）が、「シンク能改変稲」を開発し、2017年から5カ年計画で栽培試験を行っている。シンクとは、植物の光合成産物を蓄える場で、キッチンでのシンク（流し台）に当たるものである。光合成産物を蓄えることができれば、成長を促進することができる。この稲は、その結果、籾数を増やし、収量増加をもたらすことが期待されているという。

さらに2018年5月1日に、農研機構は、神戸大学の研究者らによる「ターゲットAID」という新たなゲノム編集技術で開発した稲の栽培実験計画書を発表した。ターゲットAIDとは、酵素を用いてDNAを切断するのではなく、DNAの文字配列である塩基を置き換えて遺伝子の働きを止める方法だとされている。ゲノム編集の方法も、次々に新たな技術が開発されてきている。いずれにしろ日本は、稲の開発を中心に研究・開発が進められている。

世界的に動物の開発も盛んである。とくに進んでいるのが、前述のミオスタチン遺伝子（成長を制御する遺伝子）を壊す操作であるが、その他にも、耐病性の豚、角のない乳牛や卵アレルギーを引き起こさない鶏なども開発されている。これらについては、後ほど述べることにしよう。

ゲノム編集は現在、遺伝子の働きを止める「ノックアウト」技術として用いられている。しかし、この技術はそこにとどまっているような代物ではない。遺伝子を壊したところに新たに遺伝子を挿入することができるからだ。このように新しい遺伝子を挿入することを「ノックイン」という。そうなると正確な遺伝子組み換えができる。

どういうことか。これまでの遺伝子組み換えでは、挿入した遺伝子はどこに入るか分からなかった。また、遺伝子を止めるわけではないので、新たな遺伝子が加わるだけだった。組み換えという言葉が使われているが、正式には遺伝子を付け加える技術である。しかし、ゲノム編集では、遺伝子を壊したところに新たな遺伝子を挿入することができることから、正確な遺伝子組み換えができる。将来的には、例えば、ネズミの皮膚を作る遺伝子を壊し、人間の皮膚を作る遺伝子を挿入すれば、人間の皮膚をもったネズミを誕生させることができる。

このようにゲノム全体を自由自在に変更させることができるということで、「ゲノム編集」という名がつけられた。遺伝子組み換えと比べると、けた違いに生命操作がスケールアップしているとともに、緻密化したことを意味する。その正確な組み換えや緻密な生命操作を睨(にら)んで開発競争が激化している。

日本政府が邁進する開発競争

日本政府もこの技術の応用や新しい作物や医療・医薬品の開発に積極的である。そのなかで農業について見てみよう。内閣府が進める「戦略的イノベーション創造プログラム（SIP）」の中に「次世代農林水産業創造技術（アグリイノベーション創出）」の取り組みがある。日本の農林水産技術を戦略的に強化していくのが狙いであるが、その力点は、新たな技術開発を通して企業の技術力を強化しようとするものである。強化の柱はイノベーションであり、知的所有権を取得し、最終的には高度化された農産物を販売しようとする戦略といえる。この次世代農林水産業創造技術の柱となる「新たな育種技術の確立」として最も力を入れているのが、ゲノム編集による新たな作物や動物の開発である。

安倍政権は、このようにイノベーションを経済成長戦略化してきたが、2018年6月には統合イノベーション戦略として発展させ、政府に推進を求めた。それを受けて政府は「ゲノム編集は遺伝子組み換えとは違う」として規制しない方針を固めていったのである。その間の経緯については、後ほど（第6章）述べることにする。

なぜ、これほどまでに開発を急がせるのか。その最大の推進力が「知的所有権」にある。いまや企業の競争力は、特許にかかっているといっても過言ではない。企業が多国籍化するなかで、知的所有権の重みは格段と増している。アグリイノベーションの目的は、特許を制するためだといっても過言ではない。裏返すと、特許を他のところに押さえられると、世界における経済競争に敗れるという考えである。知的所有権を押さえることで世界を支配できることを立証したのが、種子の分野におけるモンサント社である。

► 多国籍企業の特許戦略

遺伝子組み換え作物を開発した多国籍企業のモンサント社は、バイオメジャーと呼ばれ、その開発力で世界の種子市場を独占してきた。その種子支配をもたらした源泉こそ、特許である。特許を制するものが種子を支配し、種子を支配するものが食料を支配してきた。いま世界中で栽培される大豆の約8割がモンサント社の種子であり、技術独占が農家を企業の奴隷状態に追い込み、世界中の食料を支配できることを示したのである。

その多国籍企業間で合併や買収が相次ぎ、さらに巨大に、さらに強力になっている。2018年9月5日、ドイツの化学メーカー・バイエル社が、この米国モンサント社を買収したのである。農薬のバイエル、種子のモンサントの両社が合わさり、それぞれの分野で世界のシェアの約3割の巨大企業が誕生した。しかも、モンサント社は米国で強く、バイエル社はヨーロッパで強いため、地域的にはこの買収は効果が大きいと見られた。

もうひとつの巨大合併が、中国化工集団公司による世界最大の農薬企業シンジェンタ社買収である。2017年6月27日、正式に買収が行われた。中国のこの国営企業は、2011年にはイスラエルの農業関連企業MAI社を買収したのをきっかけに、世界中の種子企業買収に動いている。MAI社は現在の名はアダマ社である。この買収は、ジンジェンタ社から見ると、巨大化する中国市場をターゲットにでき、中国企業から見ると、世界に打って出ることができる、という思惑があった。

さらには2015年12月には、米デュポン社と米ダウ・ケミカル社が経営統合を発表し、2016年7月20日に正式に合意した。これは米国の巨大化学企業同士の経営統合である。新しく設立された会社がコルテバ・アグリサイエンス社である。これらの合併により、100億ドルを超える売り上げの3つの巨大企業が出そろい、これにより種子・農薬のアグリビジネスは、3社による世界規模での寡占状態を形成することになった。

このメガ合併とともに一段と特許権争いが激化している。ゲノム編集は、遺伝子組み換え技術に取って代わりつつあり、特許権の行方が注目されてきた。2016年9月22日、モンサント社はブロード研究所と、同研究所が持つCRISPR-Cas9の特許権の独占的使用に関して合意に達した。これによりゲノム編集を用いた作物の開発に、モンサント社が本格的に参戦するとともに、特許紛争が激化することになった。

CRISPR-Cas9をめぐる特許紛争は、これまでカリフォルニア大学対ブロード研究所の争いで展開されてきた。最初にCRISPR-Cas9が大腸菌で働くことを確認して、初めてこのシステムの有効性を示す論文を発表したのは、カリフォルニア大学バークレー校のジェニファー・ダウドナとスウェーデン・ウメオ大学のエマニュエル・シャルパンティエのコンビだった。ジェニファー・ダウドナは、後にカリブー・バイオサイエンス社を設立した。このカリブー・バイオサイエンス社は、デュポン社と組んでゲノム編集作物の開発を進めてきた。

それに対して、ブロード研究所のフェン・チャンは、CRISPR-Cas9が初めて哺乳類の細胞の中で働くことを発表した。このブロード研究所は、マサチューセッツ工科大学とハーバード大学の研究者が2004年に設立した研究所である。結局、特許権がブロード研究所に認められたため、カリフォルニア大学が訴え紛争化してきた。この特許紛争が、モンサント社対デュポン社という多国籍企業間の争いの様相になってきたのである。この特許戦争は最終的にブロード研究所の勝ちとなり、2017年春に最終的な決着を見た。モンサント社がデュポン社に勝った形になった。モンサント社はいまバイエル社になり、デュポン社はコルテバ社に名前は変わった。基本特許はバイエル社のものになったものの、CRISPR-Cas9の関連特許は2014年までに300を超える多数に達している。その大半を両社が押さえているのである。特許を制するものが、種子を制してきた。遺伝子組み換え作物と同様に、ゲノム編集技術でいま、その戦争が起きているのである。

ゲノム編集での作物開発について、第三世界の人々のネットワークであるETCグループは、遺伝子組み換え作物と同じ問題をもたらすとして、次のように批判している。「この技術は、商業利用での強力な武器になり、農業に利用された際には農民の権利や食料主権が奪われる。また、この技術に与えられる知的所有権は、大半がバイテク企業に与えられており、これは種子支配をもたらし、食糧安全保障を奪う」（ETC Group 2016年6月8日）と。

しかし、この争いは種子の分野に限定されるものではない。医薬品や医療など、さまざまな分野に波及する。モンサント社を買収したバイエル社をはじめ、これらの企業はすべて大手化学企業であり、医薬品、農薬などの化学製品の分野で覇を競っているのである。研究開発、その事業化も含めて、多国籍企業による覇権争いがまた、生命操作の暴走を招いているといえる。

第2章 遺伝子と優生学

ゲノム編集とそれがつくり出す思想と社会

1970年代前半、遺伝子組み換えが可能になり応用が始まろうとした時に、「この技術の応用は慎重にすべきだ」として、欧米では科学者や研究者、市民、宗教関係者まで巻き込み大きな論争になり、二つの問題が提起された。ひとつは、これまで地上になかった新しい生物をつくり出すのであるから、どのような影響が起きるか予測がつかない、というものだった。もうひとつは、人間が生命の基本を改造することは神の領域を侵犯するというものだった。ここでいう「神の領域」とは、人間が絶対に手を付けてはいけない領域と言い換えることができる。前者は生物災害を想定し、後者は生命倫理の侵犯を指摘したものだった。

前者は、後に国連の生物多様性条約の中での議論へと受け継がれていくのである。ここでは後者の問題について見ていきたい。遺伝子は生命の設計図といわれ、生命体をつくり上げる基本の情報である。しかも、その情報は世代を超えて受け継がれていく。そのため遺伝子を操作すれば、世代を超えて生命体を改変することができる。それこそ後者の生命倫理が直面した、大きな課題だった。その課題はいまだに続いている。しかも、遺伝子組み換えよりはるかに強力に、生命の根幹に介入して改造する技術であるゲノム編集が登場したのである。この新しい遺伝子操作技術が生命倫理に問いかける課題は大きい。しかも社会全体に及ぼすインパクトもまた大きなものがある。

遺伝子を基本にした考え方は、以前から人間に優劣をつける考え方をもたらしてきた。遺伝子決定論ともいえる論理が、民族的な差別や障害者差別をもたらしてきた。民族浄化や遺伝的な改造などの根拠にもなってきた。ゲノム編集の登場は、遺伝子決定論をさらに強化することになりかねない。遺伝子組み換え以上に、人間による人間の改造という問題を提起したといえる。

しかし、この技術を推進する勢いは止まらない。その結果、次々と「神の領域への侵犯」は起きているのである。日本政府は2019年3月末までに、これまでタブーとされてきた人間の受精卵でのゲノム編集を用いた遺伝子操作も基礎研究に限定するとしながらも容認した。基礎研究が積み重ねられれば、実際の応用が始まり、その門戸を開くことになる。誕生をさせないよう法的規制の検討も行っているが、基礎研究を容認すれば、やがて応用が始まることは必至である。

さらには人間の生殖細胞と動物の胚を集合させた「動物性集合胚」をつくり、動物に出産させることも容認された。人間と動物とのキメラ動物づくりの容認である。人間への臓器移植を目的にしたものだが、人間とそれ以外の生物種の壁を取り払うことになり、これも侵犯してはいけない領域に入り込んだといえる。この動物性集合胚を用いた移植用臓器づくりでも、移植の壁となってきた拒絶反応や、動物の細胞にあるウイルス感染対策にゲノム編集技術が使われることになる。しかし、繰り返すが、この動物性集合胚もまた、動物と人間の境界をあいまいにするものであり、「神の領域」を犯すことになる。この動物性集合胚については、第11章で詳しく見ていく。

ゲノム編集で遺伝子を操作し、より毒性を強めるなどの改造を行った生物が、新たな生物兵器開発に用いられる可能性もある。さらには、ゲノム編集の仕組みを遺伝的に拡散するように仕組んだ遺伝子ドライブ技術（第10章で詳述）では、いっそう強力な生物兵器を創り出すことができる。このようにゲノム編集技術は、生命を自由自在に操作し、私たちの社会をより危険な領域に入り込ませようとしている。

► 分子生物学的人間像

神の領域を侵犯する、その最たるものが人間による人間の改造である。その代表に優生学がある。ここではゲノム編集に至る、遺伝子と優生学の関係について考えてみたいと思う。その出発点となったのは、1960年代における分子生物学の展開である。

分子生物学は、遺伝子こそが生物の本質であり、生命活動の基本である、という考え方をもたらし、その世界観が社会全体にまで波及していくのである。DNAの上に載っている情報がRNAに転写され、それがアミノ酸をつなげて蛋白質を合成するという、ごく基本的な仕組みが、「生物機械論」をつくり出していく。この世界観を集大成した本が、フランスの分子生物学者ジャック・モノーがまとめた『偶然と必然』（みすず書房）だった。

この本が刊行されたのは、1970年のことだった。発売されるやたちまちベストセラーになり、世界中で翻訳されていった。このなかでJ. モノーは「生物は化学的機械である」「生物は機械のように首尾一貫し、全体として統合された機能的単位を構成している」「生物は、自分自身をつくりあげる機械である」というように、徹底した生物機械論を展開している。そして不変な情報が些細な偶然によって、DNAのある部分に突然変異が生じたとする。機械のように動いているため間違えたまま忠実に翻訳されていく。進化は生物の特性ではなく、分子的保存機構の不完全さからくる間違いから生じ、どんな目的論的な機能とも関係なく、その間違いがDNAの構造の中に書き込まれると、その後ずっと増殖・伝播されることになる。すなわち必然に転化されるというのである。

この論理の延長線上で、モノーはさらに、次のような論理を展開していく。進化にとって必要なのは遺伝的に前進することであるのに、遺伝的障害者の増大は反対方向に向かわせるものである。社会的エリートが子孫をつくるのを抑えるようになったことと、遺伝的障害者がこれまでは思春期まで子孫をつくるのがごくまれだったのが、子孫を残せるまで生きられるようになったことが、種の衰退という問題を突き付けている。モノーはさらに、このような遺伝的脆弱化に伴い、種の衰退が危機的状況にまで至るのは、10〜15世代後のことだろうと述べている。

ここで展開されている論理の中に、生物（人間）機械論が遺伝子決定論とつながり、優生学的考え方に展開していく構造が見えてくる。これは分子生物学者だけにとどまらなかった。生物学、医学、遺伝学などの研究者、科学者の間にまで広がっていった。「遺伝子に欠陥のある人たちが生き延びるようになり広がり、それが人類の遺伝的脆弱化を招いている」という論理が広がっていった。ある遺伝学者は「遺伝的たそがれが生じる」とまで断言した。DNAの二重らせん構造を解析したとしてノーベル賞を受賞したフランシス・クリックは、「どの新生児も、その遺伝的素質について一定の検査を受けるまでは人間と認めるべきではない。つまり、その検査に失格すれば、生存権を失うとするのである」（岩波書店『遺伝工学の時代』）と述べている。遺伝子決定的世界観は、優生学そのものといっていい。

米国での遺伝子決定論をめぐる論争

このような遺伝子決定的世界観の広がりを背景に、米国で激しい差別と偏見をもたらした三大論争が起きるのである。XYY論争、IQ論争、ソシオバイオロジー論争である。家系・遺伝は長い間、差別や偏見の対象となってきた。現在でも決して払しょくされているわけではなく、相変わらず根強いものがある。米国カーネギー研究所の優生学記録所には犯罪者の家系が保存されてきた。その犯罪者の家系をめぐり一大論争が起きるのである。それがXYY論争というものである。男性の性染色体はXYであり、女性のそれはXXである。たまに父親から余分なY染色体を受け継いだ、XYYという三つの性染色体をもった男性が生まれることがある。そういう男性は攻撃的で、犯罪や破壊行動に走りやすい、というものである。そのような考え方をめぐって、論争がたたかわされた。

この論争のきっかけは、1965年に『ネイチャー』誌上に発表されたP.A.ジェイコブズらの論文で、スコットランド刑務所にいる「凶暴な囚人」を調査したところ、3.5%の者がXYY染色体の持ち主であり、それは一般社会のそれよりも高い比率である、というものだった。有名な殺人犯のリチャード・スペックがXYYだったということで（後で間違いと分かる）、まことしやかにこの偏見に満ちた説が流れ、それを遺伝学者らが後押しした。

もうひとつの論争が、IQ論争である。この論争は「知能は環境ではなく遺伝が決定する」かどうかをめぐってたたかわされた。IQは黒人が低く、白人は高い。労働者は低く、中産階級は高い。それは遺伝に起因している、という主張がまことしやかに述べられた。そのため教育や環境が変わっても変わりないというのである。その先頭に立って主張したのが遺伝学者のアーサー・ジェンセンで、「黒人は先端的に知能が劣っている」と述べた。半導体の研究者でノーベル賞受賞者でもあるウイリアム・ショックレーは、IQの低い人ほど避妊手術に多額の奨励金を出すべきだと主張した（『遺伝工学の時代』）。実際に「知能に欠陥がある」市民に不妊化を義務づけたノースカロナイナ州のようなケースも出てきた（プレジデント社『人間操作の時代』）。1983年、シンガポール政府首相のリー・クアン・ユーは知能指数の高い夫婦の出産を奨励し、低い夫婦の出産を抑制する政策を打ち出した。生化学者でノーベル賞受賞者のライナス・ポーリングは、「若者は自分のひたいに遺伝子型を示す刺青をすべきである。そうすれば遺伝病を持った男女は結婚を避けることができる」と述べている（『遺伝工学の時代』）。

そして、もう一つが「ソシオバイオロジー論争」である。日本語で文字どおり「社会生物学」と翻訳されている。1972年に米国優生学会は名称を米国社会生物学会と改めていることからも分かるとおり、優生学を推進する研究者の集まりであり、その中心は行動生物学者（エソロジスト）である。代表的なエソロジストのコンラッド・ローレンツは「特異的な淘汰がなくなったときに社会的な行動様式の荒廃がどんなに速くはじまるか……」と述べ、人類の遺伝的退廃を恐れる発言を繰り返している（思索社『文明化した人間の八つの大罪』）。このローレンツを始めとしてエソロジストは、優生学的発言を繰り返してきたが、それと遺伝子決定論が結び付き、科学の名による差別と偏見が強まった。そのなかでも最も攻撃的だったのが、E. O. ウイルソンだった。彼は、社会の在り方は遺伝子で決まるとまで主張した。ウイルソンに続き、この遺伝子決定論の旗手になったのが、『利己的遺伝子』（紀伊国屋書店）の著者リチャード・ドーキンスであり、彼はこの著書の中で、生物とは遺伝子が自らのコピーを多く残すためにつくり出した生存機械であり、「DNA の真の『目的』は生きのびることであり、それ以上でもなければそれ以下でもない」と述べた。この遺伝子決定論が最も恐れていることが、遺伝障害の増大などの「遺伝的退廃」であり、「優れた遺伝子を増やし、劣悪な遺伝子を淘汰すべきである」という主張を送り返した。この考え方にもとづいて、米国ではニクソン政権によって遺伝病スクリーニングが始まり、日本でも 1977 年から新生児マススクリーニングが始まるのである。

いまでも人間の遺伝子や遺伝子操作を論じる時、必ずといってよいほど、予断と偏見をもった優生学的な考え方が頭を持ち上げてくるし、根強いものがある。これは遺伝子組み換えの際にも登場したし、今日、ゲノム編集を論じる際にも登場してきているのである。

第3章 人体改造の時代と優生工学

筋肉の盛り上がった人体への改造

筋肉が盛り上がった、スポーツ選手に人体を改造できるようになることが、現実化してきた。ゲノム編集で、筋肉の成長を抑制するミオスタチン遺伝子を壊し、抑制されない状態をつくり出すことで、動物の改造が進んでいる。すでに牛や豚、魚などで行われ、成長が早く肉の多い動物づくりが行われている。これを人体に応用するとどうなるだろうか。スポーツ選手づくりでは恰好な操作になる。それを自ら行ったケースが、インターネット上に載って世界中が驚いた。いわゆるDIYバイオと呼ばれるものである。DIYとは、ドゥー・イット・ユアセルフのことである。ゲノム操作の機器も安価で入手でき、CRISPR-Cas9のセットも容易に入手できることから、自宅でできるバイオとして広がりつつある。ガレージ・バイオともいい、自宅の車庫がバイオ施設に早変わりできることから、その安易さが、生命体の安易な改造につながることで危険視されている。

そのDIYバイオで、自らにミオスタチン遺伝子を破壊する操作を行ったという男性が現れたのである。もちろん、受精卵に行うわけではないので、どれほど効果があるか分からない。ほとんどないかもしれない。しかし、将来的にとんでもないことを招きかねない行為であることは間違いない。というのは、これこそいまスポーツの世界で問題になっている遺伝子ドーピングと呼ばれるものだからだ。

ドーピングの世界

ドーピングは、もともと南アフリカ先住民が士気高揚のために用いる興奮剤をドープと呼んでいたのを語源にしている。格闘や戦争で、恐怖心を克服したり、戦意を高揚するために、興奮薬を投与することは、以前から行われていた。当初は、カフェインのような麻薬の類いが多く用いられていた。

スポーツ選手が用いるようになって、問題になりはじめた。かなり多くの選手がドーピングを行ってきたと思われる。ドーピングと同時に、検査をうまくくぐり抜ける方法も進んできた。いわば検査隠しと検出のいたちごっこである。これまで最も多く用いられてきたのは、男性ホルモン剤やステロイド剤などの筋肉増強剤である。その多くは、蛋白同化作用を利用して逞(たくま)しい体づくりを目指して用いられてきた。

蛋白同化作用とは、食べ物の中に含まれる蛋白質が消化器系でアミノ酸に分解され、そのアミノ酸の形で体内に取り込まれ、再び合成され蛋白質となって筋肉などになるが、その合成する作用をいう。筋肉をつくるのになくてはならない蛋白質は、性ホルモンや成長ホルモンなどで、それらによって合成が進む。その際、男性ホルモンであれば男性らしい筋肉となり、女性ホルモンであれば女性らしい筋肉となる。男性ホルモン剤や成長ホルモン剤を用いて蛋白同化を促進すれば、逞しく筋肉隆々とした体になる。

ドーピングは、強い副作用を持ち、肝機能障害や性機能障害になるだけでなく、死に至るケースも見られ、大変危険である。旧社会主義圏の一部の国では、スポーツが手っとり早く愛国心向上をもたらすとして、国を挙げてドーピングを進めてきた。その時のスポーツ選手が後遺症に苦しんだり、現在もなお苦しみ続けている話は数多い。心機能を増すために用いる造血剤は、血栓ができやすくなり、脳梗塞や心臓病を起こす危険性がある。

それでもスポーツ選手の間では、ドーピングは勝つための手っ取り早い手段として魅力的であるようだ。不正使用が後を絶たず、その方法も巧妙化している。もっとも用いられてきたのが、検査の際に薬物使用を分からなくする方法である。ただし尿検査は監視の下で行われるため、その監視をくぐり抜けなければならない。最も簡単な方法は、他人の尿を用いることであり、2014年にロシアで行われた冬季オリンピックでは、ロシアの選手団が組織的に行ったことで話題になった。通常、監視が厳しいなかで行うには限度がある。

そのドーピングに遺伝子治療の手法が採用される動きがあった。遺伝子治療とは、人間への遺伝子組み換えである。遺伝子組み換えとはすでに述べたように、他の生物の遺伝子を挿入する技術であり、それによる遺伝的な改造である。そのため遺伝子治療は、遺伝子を体内に取り込ませることで行う治療法のことである。現在はまだ、治療という名前はついているものの、臨床研究という名がついた実験の段階にすぎず、確立されたものではない。

がんやエイズなどの病気治療や難病治療が、このような技術を進める推進力になってきた。しかし、実際に応用が始まったものの、治療効果は出ず、むしろ副作用の大きさが目立ち、事実上とん挫してきた。そのため治療ではなく、むしろ経済効果が大きな分野への応用が拡大していく可能性が大きいと見られている。それがドーピングの世界である。

例えば、筋ジストロフィーの治療は、そのまま筋肉増強の人間改造に応用可能である。市場も大きく、広がりそうである。そうなると、ドーピング検査は不可能になる。その遺伝子治療よりも簡単な遺伝子操作技術が登場した。それがゲノム編集である。この新たな技術を用いた遺伝子ドーピングが、近い将来、可能な状況になってきた。国を挙げてドーピングに取り組めば、受精卵の時からゲノム編集で操作が行われる可能性も出てくる。

遺伝子データバンクへ

遺伝子ドーピングのような人体改造の前に、すぐ現実化しそうなスポーツ選手育成法がある。ドーピング検査で遺伝子検査が進めば進むほどスポーツ選手の遺伝子データが蓄積していく。スポーツ選手の遺伝子データバンクができ、どのような競技にどのような遺伝子をもっている人物が向いているかが分かるようになる。

そうなると生まれついた時から向き不向きが分かり、「天才教育」が可能になる。あるいは誰と誰が結婚したら、どのようなスポーツに向いた子どもができるかも想定できるようになる。デザイナー・ベイビーの登場である。ビッグデータ社会の形成は、この仕組み形成を加速する可能性が強い。

いまオリンピックで多くの金メダルをとることは、手っ取り早くナショナリズムを高揚させる手段になっている。国家による遺伝子管理が行われれば、スポーツ選手育成が進み、有力なオリンピック選手づくりが行われる条件が整うことになる。

これはスポーツ選手の例だが、同様な方法で、軍隊に向く人向かない人などの研究も行われることになりそうだ。さらには、犯罪を起こしやすい人の研究なども進められるだろう。スポーツの分野を突破口に、意外と早く、このような遺伝子データバンクや人体改造が進みそうである。すでにデータの蓄積に加えて、その技術的基盤は揃っている。

優生工学

このように遺伝子データバンクや遺伝子操作が、生物学と医学を結びつけており、その生物学的医学の世界は、生命のデザイン化、人間の改造を可能にしてきている。

優生学には２つの種類がある。ひとつは積極的優生学で、「優れたもの」を増やすことを目的とする。もうひとつは消極的優生学で、「劣ったもの」を淘汰していくことを目的とする。これまでは、後者の消極的優生学のほうが中心だった。というのは積極的優生学を担う技術がほとんどなかったからである。

ところが遺伝子治療が登場してその可能性が出たのに加えて、ゲノム編集技術が登場し、それを基盤とする生物学的医学は、その積極的優生学を担う技術をもたらすことになった。その原初的形態は、精子銀行ですでに実施されてきている。精子の凍結保存技術が進んだ結果、より付加価値の高い精子が高く売られるようになった。アメリカでは、白人で、ブルーの眼、金髪、背が高く、高学歴、しかもスポーツマンといった男性の精子が高額で販売されている。

人工授精から始まり、体外受精で応用範囲が拡大した生殖操作技術、人間の遺伝子をコントロールする遺伝子治療、臓器を機械のように交換する臓器移植や人工臓器、さらには脳死、安楽死の登場で死の時点までコントロール可能な範囲に入ってきた。ドーピングで見てきたように人間改造技術の発達は著しい。ここにゲノム編集技術が登場した。受精から死後まで、生命をデザインする技術がそろいはじめたのである。それらは合わさり、「優生工学」という名にふさわしい技術となった。

すでに引用したが、ライナス・ポーリングは「若者はひたいに各自の遺伝子型を示す入れ墨をすべきだ」「そうすれば、同一の遺伝病遺伝子を一つずつもっている男女が出会ったとき、一目でその事実がわかり、恋に陥るのを避けようとするだろう」と述べたが（『遺伝工学の時代』）、新しい優生工学の時代は、わざわざ入れ墨を必要とせず、遺伝子データバンクが情報を提供し、ゲノム編集技術が改造まで可能にし、この「遺伝的問題」に技術的に対応できるようになったのである。

第4章 人の受精卵にまで及んだゲノム操作

まずは中国で始まった

ゲノム編集技術は、すべての生物に適用が可能である。もちろん人への応用も可能である。しかし、遺伝子を改変することは、世代を超えて人の改造への道をもたらすことにつながるため、従来から「禁忌」とされてきた分野である。従来の遺伝子操作技術である遺伝子組み換えでは、人への応用は「遺伝子治療」というかたちで行われてきた。その場合、受精卵など生殖細胞への応用は基本的に禁止され、体細胞だけ認められるということで、効果も限定的で、応用の範囲は広がってこなかった。

しかし、ゲノム編集の登場で状況は大きく変わったといえる。この技術を用いた人の受精卵への応用が始まったのは実に早かった。それはCRSPR-Cas9を用いれば、実に簡単に操作ができるからである。この技術が、人への応用という「悪魔の誘惑」をもたらしたといえる。

それは中国で始まった。まず中山大学の黄軍就らの研究チームが、遺伝性の血液疾患である重度の貧血をもたらすβサラセミアをもつ夫婦の不妊治療として行われた体外受精で得られた受精卵を用いて、実験が行われた。採取した受精卵86個に対してゲノム編集技術で遺伝子を操作し、狙いどおりに操作が確認されたのは4個だったという。この人体実験は、『蛋白質と細胞』誌2015年4月号に発表された。この遺伝子操作は倫理的に問題があるとして、黄らの論文は、最初に投稿した『ネイチャー』誌や『サイエンス』誌から掲載を拒否されている。

この中国で行われた遺伝子操作の影響は大きく、英国へと波及した。英国でもゲノム編集技術を用いて、不妊治療目的で、人間の受精卵の遺伝子操作を行う計画が進められていた。この遺伝子操作を計画していたのは、ロンドンにあるフランシス・クリック研究所で、2017年1月14日にその承認の是非をめぐり「ヒト受精と胚研究機関（HEFA）」で議論がたたかわされていた。

米国でも行われる

ゲノム編集の受精卵操作は、中国に続き米国でも行われた。オレゴン健康科学大学のショーラート・ミタルポフらの研究チームが、ゲノム編集技術を人の受精卵に適用して、遺伝子を操作し成功したとして、2017年8月2日付『ネイチャー』誌オンライン版に、その研究論文が掲載された。人の受精卵にゲノム編集技術を用いたケースは、それまで中山大学を筆頭に中国での3例が報告されていたが、それ以外の国では初めてであった。オレゴン健康科学大学の研究チームは、肥大型心筋症の原因となる遺伝子の変異を持つ精子と、その遺伝子の働きを壊すように設計したCRISPR-Cas9を同時に卵子に注入している。それにより58個の受精卵が作られ、そのうち42個で遺伝子の変異が見られなかった、すなわち成功したと発表した。

研究チームは、受精卵は子宮に戻さず、臨床応用も考えていないとしている。また、ゲノム編集で問題になっている、意図しない遺伝子を壊してしまう「オフターゲット」も見られなかったとしている。批判をかわそうとしているのか、成功を強調していた。

オフターゲットとは、目的以外の遺伝子を壊してしまうことである。ゲノム編集技術が登場してから、いつも問題になってきた現象である。オフターゲットによって重要な遺伝子が壊されてしまえば、その生命体にとって大きな影響が出るだけでなく、環境や食の安全にも影響してくる。さらにはゲノム編集した細胞と通常の細胞が入り乱れる「モザイク」も起きえる。これもまた生命体の維持や環境や食の安全に影響が出かねない問題である。とても安全とはいえない現象であり、しかも生命体を根本から変え

図２　オフターゲット

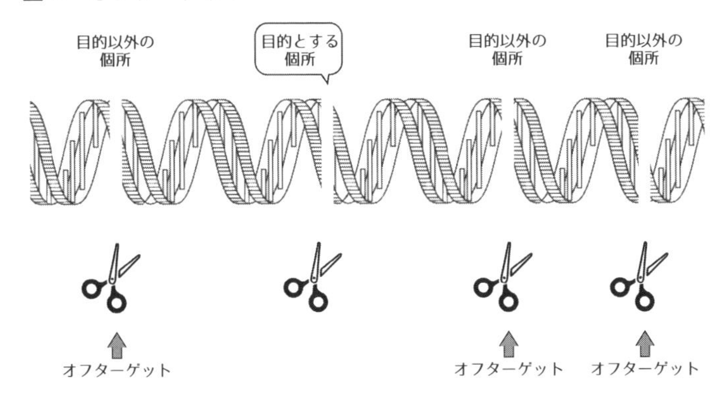

る力を持っている現象でもある（図２参照）。

本当に、オフターゲットはなかったのだろうか。それについてオーストラリアで追試験が行われているが、そこでは、疑問を呈する結果が示された。この試験を行ったのは南オーストラリア州保健医療研究所の研究者であり、アデレード大学教授のポール・トーマスらで、オーストラリアでは人の受精卵を用いた実験が認められていないため、マウスの胚を用いて実験を行っている。その結果、約半数のマウスで100以上の個所でDNAに大きなダメージが起きていた。この結果は2018年８月９日付『ネイチャー』誌オンライン版に掲載された。

この受精卵への実験への反応は?

この米国での実験について遺伝学・社会センターの所長マーシー・ダロフスキーは、概略次のように述べている。「この実験は明らかに生殖細胞の遺伝的改変を目的としたものであり、不妊治療を行うクリニックで実践可能な方法を開発することにある」「実験を行った研究者たちは、このような実験を行うに当たっては民主的な手続きと市民参加が必要であると認識しながら、それを無視している。また、遺伝子操作を必要としない既存の選択肢を無視したものであり、いったん商業利用が始まると、人の遺伝

的改良をもたらすことになる」（遺伝子・社会センター 2017年8月2日）

生物医学者であり弁護士で、実際にがん患者でもあるポール・ノイフェラーは、次のような問いを発している。「いったい、この技術が安全で有効であることを立証するために、いくつの卵や胚が必要になるのだろうか。1000個なのだろうか1万個なのだろうか。エピジェネティクスの問題はクリアしたのだろうか」（IPSCell.com 2017年8月2日）

ここでいうエピジェネティクスの問題とは、遺伝子そのものには変化が起きていないのに、遺伝子を働かせたり中止させたりする仕組みのことである。

その他の多くの研究者が指摘していることが「遺伝的改変を次世代以降に伝えてはならない」という指摘である。国際テクノロジーアセスメント・センターの研究者ジェイディー・ハンソンは「国は、ヒト胚を用いたゲノム編集技術の応用に対しては、資金の提供を停止すべきである」と述べ、トランプ政権に要請した（テクノロジー・アセスメントのための国際センター 2017年8月2日）。

また「人間の遺伝への警告」の創始者で分子生物学者のデビッド・キングは概略次のように述べている、「ヒト胚へのゲノム編集の応用は、デザイナー・ベイビーをもたらし、おカネを持つ人と持たない人での社会的不平等を拡大し、優生学の社会をもたらしてしまう。私たちはいま、このような遺伝子操作の競争の禁止を求める時期に来ている」（ザ・ガーディアン 2017年8月4日）

国際的な11の団体が発表した共同声明を『ヒト遺伝子・アメリカン・ジャーナル』誌（2017年8月3日）が掲載した。その声明では、現時点では人の妊娠に至るような生殖細胞へのゲノム編集は適切ではないが、基礎研究に限定して人の受精卵への応用を認める内容である。しかし将来、臨床応用が行われるとしたら、その前に、説得力のある医学的根拠、臨床応用を裏づける科学的根拠、倫理的正当性、公正で透明性の確保などを求めた。

名前を連ねたのは、米国人類遺伝学会、遺伝看護およびカウンセラー協会、カナダ遺伝カウンセラー協会、国際遺伝学会、米国遺伝カウンセラー学会、米国生殖医療学会、アジア太平洋ヒトゲノム学会、英国遺伝医学会、豪州ヒトゲノム学会、アジア遺伝カウンセラー学会、南アフリカ人類遺伝学会である。

もはや世界的に基礎研究に限定して人の受精卵への応用を認める方向にあり、同様の研究が英国や日本などほかの国に広がっていく可能性がある。このような研究が積み重なっていくと、現在の体外受精などの生殖補助医療同様に、抑えが効かなくなり拡大を続け、臨床に応用されていくことが考えられる。この場合、操作した遺伝子が世代を超えて受け継がれていくため、人による人の改造につながっていくことになりかねない。とくに懸念されるのが、デザイナー・ベイビーである。

そんななか、実際に英国で大きな影響力をもつナフィールド財団の生命倫理評議会が、ゲノム編集など遺伝子を操作して人間の生命を改造するデザイナー・ベイビーを認めたことが、生命倫理問題で大きな論争を呼んだ。英国の市民団体の「人間の遺伝子監視」は、性差別、人種差別、障害者差別などをもたらし偏見を助長すると、この見解を批判し、国際的に禁止することを求めた（2018年7月30日）。

▶ タブーに踏み込む

中国や米国で行われた受精卵の遺伝子操作は、人間の受精卵の段階で操作し、その人の一生を変える操作を行ったことになり、そのまま誕生すれば人体実験に当たる。受精卵を廃棄すれば、人間としての誕生を奪うことになる。人体実験は、第二次大戦中のナチス・ドイツの実践が問題になり、第二次大戦後「ニュールンブルク綱領」を経て「ヘルシンキ宣言」が出され、厳しく規制されてきた。ナチスが行った実験は確かにひどいものだった。有名なのが、茶色の瞳に染料を注入して色が変わるかを見る実験、人間がどこまで高圧や低温に耐えられるかを見る実験などがある。人体実験を認めると、人権が奪われることにつながる。ナチス・ドイツや日本の731部隊を例に挙げるまでもなく、多くの場合、囚人や強制連行されてきた人々が実験台となってきた歴史があり、抵抗できないような人々の人権が著しく侵されてしまうため、厳しく規制されてきたのである。しかし、いまバイオテクノロジーが、その考え方を徐々に崩しつつある。

中国で行われた最初の人体実験に対して、世界的に倫理面で問題があるとして波紋が広がった。それがきっかけになり、米英中の科学者が中心になり20カ国の科学者が集まり国際会議が開かれた。元カリフォルニア工科大学学長デイビッド・ボルティモアが呼びかけ、全米科学アカデミー、米国医学研究所、英国王立協会、中国科学院が主催し、2015年12月1～3日、米ワシントンD.C.において開催された。その結論として、人の受精卵についても基礎研究での応用を認めたのである。一歩踏み込んだ決定である。人の受精卵の遺伝子操作をしたうえに、人としての誕生を奪う行為を容認したのである。ある意味では二重の犯罪的行為といえる。

日本政府も2016年4月22日に内閣府・生命倫理専門調査会が、やはり基礎研究に限定して容認する報告をまとめた。こうして人の受精卵への応用の時代に入っていったのである。タブーが次々と打ち破られる時代に入ったといっても過言ではなく、日本でも、いつ人の受精卵への応用が始まるかわからない。それがいまの状況だといえる。

そして、ついに、その情報は中国からやってきた。

第5章 ゲノム操作赤ちゃん誕生の衝撃

中国での最初の赤ちゃん誕生

中国、米国で相次いで人の受精卵へのゲノム編集技術が応用され、国際的にも基礎研究に限定するという前提があるものの、規制を外す動きが強まったことから、実際に人の受精卵への操作が行われるのは確実と思われていた。それはいつ行われるかという、時間の問題だった。そして実際に実行されたのである。それは突然の話であり、これも中国でのことだった。

ゲノム編集は、遺伝子の改変や修正を可能にする。そのため病気の治療を行うことができるとともに、遺伝的改造も可能にする。それが優生学への道をもたらすことになる。治療から改造への道は短い。そのため治療が行われることへの警戒感は、多くの科学者の間にあった。その中国で行われた人の受精卵のゲノム編集は、HIV（エイズ・ウイルス）感染対策だとされている。

それは2018年11月のことだった。「中国の研究者がゲノム編集技術で遺伝子を操作した受精卵で、双子の女の子の赤ちゃんを誕生させた」というニュースが、世界を駆けめぐった。この「事件」の主役であり、実際に受精卵への遺伝子操作を行ったのは、中国広東省深圳（しんせん）市にある南方科技大学の賀建奎（フォージエンクイ）副教授（当時）である。

同副教授は結局、詳しい経緯や行われた操作の内容を正式に公表することなく、その後幽閉された状態に置かれてしまった。そのため詳しい経緯や行われた操作の内容は結局明らかにならなかったのである。発表されている記事などで経緯をまとめると、概略、次のようになる。

2018年11月25日、賀建奎副教授は、この双子の女の子を誕生させたことをユーチューブ動画で公開した。翌26日にはAP通信などが報道し、日本も含めて世界中で批判が起き始めた。翌27日には、中国政府科学技術省幹部が「人胚胎幹細胞研究倫理指導原則」に違反しており、関連法にもとづき処分すると述べた。また国家衛生健康委員会も事実関係を調査すると述べている。また広東省の衛生局が深圳市とともに、調査チームを設置し調査を開始している。27日、一連の実験に携わった深圳市の病院が、関与を否定する声明を発表している。

28日には香港で行われた第2回ヒトゲノム編集国際サミットで、同副教授がその操作の内容を発表した。それによると最初はサルで実験を行い、ヒトへの応用を試している。ヒトへの適用の内容は、最初8組の男女が参加していたが、1組が抜け、7組の男女から受精卵を採取しゲノム編集技術を施した。男性はすべてHIV感染者であり、女性はすべて非感染者であるということである。

賀副教授、懲役3年の判決

その後のことである。中国深圳の裁判所は、2019年12月30日、この賀建奎副教授に対して、懲役3年、300万元（約4700万円）の罰金の支払いを命じた。このニュースを報じた新華社はその際、3人目の赤ちゃんが誕生していることも報じた。7組の男女から採取した受精卵のうち、2組の夫婦から誕生したことになる。他の5組はうまくいかなかったことが、以前に報じられていることから、これ以上赤ちゃん誕生はなくなったと見られる。賀元副教授は生物物理学者であり、医者ではないため病院や医者の協力が必須であるが、何という病院で誰が協力したか、発表されていない。研究や実際の医療にかかった高額の費用をだれがどういう形で出したかも分かっていない。何らかの形で中国政府がかかわっていたのではないのかという憶測も流れているが、それも明らかにされていない。そのような不明な問題や責任をすべて賀元副教授に押し付けて、中国政府が幕引きを行ったと考えられる。

▶ どのような遺伝子操作か?

ではいったいどのような遺伝子操作だったのか。ゲノム編集であるので、遺伝子を壊すことになるが、どのような遺伝子を壊したのか。HIV(エイズ・ウイルス)対策とはどんな操作なのか。

その前にウイルス感染について述べておこう。ウイルスはよく「半生物」といわれる。それ自体で生きていくことはできない。その点で、同じ微生物の細菌(バクテリア)とは違う。ウイルスが通常よりどころとしている生物のことを宿主という。インフルエンザウイルスの場合は、カモであり、その腸管にいるという。ウイルスは宿主には害を働かない。自分自身の生存基盤を奪ってしまうからである。ウイルスが感染する際には、細胞にある目印(レセプター)から侵入する。HIVが目印としているのは、CCR5というレセプター蛋白質である。その蛋白質を作る遺伝子を壊す操作を行ったのである。HIVが感染できない体にする操作を行ったことになる。

ゲノム編集を行った受精卵のうち31個が胚盤胞にまで成長したという。7組の男女のうち、2組3人の赤ちゃんが誕生したことになる。他の5組はうまくいかなかったという。そのうち1組から双子の女の赤ちゃんが、2018年11月に誕生した。名前はルルとナナだった。当時、賀副教授によると、これから18年かけて追跡調査を行う予定だといっていた。さらにもう1組も間もなく誕生する可能性があるとしていたが、実際に誕生したようだ。

賀副教授は、これまでゲノム編集にかかわる研究者としては無名で、実績も発表されていない。生物物理学者で、中国科学技術大学を卒業後、米国に留学しライス大学、スタンフォード大学を経て、中国政府が指定する「千人計画」と呼ばれる海外で活躍する研究者を呼び寄せて国の科学技術の発展のために優遇するメンバーに選ばれ、実験当時、南方科技大学で研究生活を送っていたが、まもなく退職して事業に専念することになっていた。ゲノム編集の赤ちゃん誕生に、米国ライス大学の研究者がかかわっていたことが後で判明するのである。中国と米国の研究者による連携で行われたのである。

このことが、新たな疑惑を生んでいる。このCCR5遺伝子を破壊する意味である。この遺伝子を壊すと脳の認知機能が改善されるという指摘である。すなわち人間の改良にかかわる操作を行った可能性がある。もしこれが本当であれば、間違いなく優生操作といっていい。

何が問題か?

では、このゲノム編集技術を用いた受精卵操作にはどのような問題点があるのだろうか。まず経過そのものが不明瞭である。出産するまで秘密裏に進行しており、出産後も経過が示されていない。受精卵提供の男女との間でどのようなインフォームド・コンセントが交わされたのかも明らかになっていない。

先にも述べたように賀副教授は生物物理学者であり、医者ではないため病院や医者の協力が必須であるが、何という病院で誰が協力したか、発表されていない。研究や実際の医療にかかった高額の費用をだれがどういう形で出したかも分かっていない。何らかの形で中国政府がかかわっていたのではないのかという憶測が流れている。

CCR5遺伝子を破壊することで、西ナイルウイルスに感染しやすくなったり、インフルエンザが重症化しやすくなるなどの影響が出ることが分かってきた。また、体外受精を行う際に精子を洗浄してから用いており、これによりHIV感染は防ぐことができるにもかかわらず、なぜリスクが大きなゲノム編集での受精卵操作を行ったのか。

そして受精卵の遺伝子を操作したため、次世代に受け継がれることになり、これは人間による人間の遺伝的改変につながる。この先には、理想的な子どもをつくり出すデザイナー・ベイビーが想定され、さらにその延長線上には人類の遺伝的改良による優生学的社会が想定される。

以上が、これまで多くの人たちが指摘している批判である。今回の人体実験は、以下に述べるような、さらに深い問題をはらんでいると思われる。

第一番目の問題として、このような人体実験は、臓器移植や生殖補助医療、遺伝子治療のような生物医学では繰り返されてきたことである。裏返すと、生物医学では必然的に繰り返されてきたことである。その例として、ちょうど半世紀前に札幌医科大学で起きた「和田心臓移植事件」があげられる。1983年に東北大学で起きた日本で最初の体外受精では、障害をもって誕生したため隠され、その赤ちゃんは2年後に亡くなっている。1980年に最初に行われた遺伝子治療も米国で認可されなかったためエルサレムとナポリで行われ、その後について報告もされなかった。今回のケースも、治療とはとてもいえず明らかに人体実験である。しかし、これは生物医学では必然だったといえ、だれかが必ず行うことを行ったに過ぎないといえる。あるいは先鞭をつけたともいえる

第二として、今回の7組で男性がすべてHIV感染者であるのに対して、女性は感染者ではない。そこに女性差別が見える。子どもを産むものとする家族制度を見ることができる。

第三に、遺伝子医療や生殖補助医療では、成功したか失敗したかの判断に、赤ちゃんが障害をもって生まれるか否かが問題になる。出生前診断が行われ、障害があると分かると、この世に生まれなくさせることが繰り返されてきた。今回も、障害があれば「失敗作」とされている。これは障害者差別以外の何ものでもない。

第四として、現在大学研究者がベンチャー企業を立ち上げ、金もうけに走っているが、賀副教授もベンチャー企業を2社起業しており、名を上げ金もうけにつなげていこうとしたと思われる。

最後に、生まれてきた赤ちゃんは18年かけて追跡調査されるという。子どもからすると18年間も特別視されながら育つことになり、一番感受

性の強い時期に人権が奪われたまま育つことになる。このように、今回の受精卵のゲノム操作は、多くの問題点を投げかけている。

次はロシアでも

次にロシアで、ゲノム編集技術を応用した人の赤ちゃんを誕生させる計画が進められはじめた。この赤ちゃん誕生を計画しているのは分子生物学者のデニス・レブリコフで、中国で行った賀建奎・南方科技大学副教授と同様に、HIV（エイズ・ウイルス）に感染しにくい赤ちゃんの誕生を目指している。手法も同じで、ゲノム編集によってウイルスが感染の際に侵入口にするCCR5蛋白質ができないように遺伝子を壊す予定である。中国では男性の側がHIV感染者だったが、ロシアでは女性の側が感染者のケースで行う予定である。同氏は、モスクワにあるロシア最大の不妊治療クリニックのゲノム編集研究室長である。世界各国で「基礎研究」に限定して、人の受精卵へのゲノム編集が容認されているが、いつまでも基礎研究にとどまるわけがなく、必ず生命体誕生をもたらすことになる。その動きが、すでに始まっているといえる。

さらに分かってきた新たな問題

このような人への、HIVに感染しにくいように行うゲノム編集で、オフターゲットが起きたらどうなるのか。一つの遺伝子を壊すことで、オフターゲットと呼ばれる想定外の遺伝子破壊が起きる現象で、さまざまな影響が出ることが、このゲノム編集での最大の問題点と指摘されてきた。もしこの人で行ったゲノム編集でオフターゲットが起き、しかも命にかかわる可能性があるとすると、これは大きな問題になってくる。

すでに述べたように、CCR5遺伝子を壊すと西ナイルウイルスに感染しやすくなったり、インフルエンザが重症化しやすくなることが指摘されてきた。加えて、カリフォルニア大学の神経生物学者のシルバが、脳の認知機能にも影響することを指摘した。認知能力が高まったり、脳卒中からの回復力が大きいのではといわれており、その点を実験したのではないか、という説も出たほどである。

さらに、新たに分かったことは寿命との関係である。『ネイチャー・メディスン』オンライン版2019年6月3日号に掲載された論文によると、CCR5遺伝子に変異を持つ人は、寿命が短くなる可能性があるという指摘である。この研究を行ったのは、カリフォルニア大学バークレー校のラスムス・ニールセンらで、英国のバイオバンクに蓄積されている遺伝子と健康に関するデータ40万人分以上を解析したところ、このCCR5遺伝子に変異がある人は、76歳まで生きる可能性は、変異のない人に比べて21%減少するということが判明したというものである。このように一つの遺伝子を壊すことによって、さまざまな影響が表れてくる。

加えて、ゲノム編集でウイルス感染を防止するために行った遺伝子操作で、やはり新たなウイルス感染をもたらすという脅威が、植物の分野で発表された。それは病気に強いキャッサバを開発しているときのことである。実験を行ったのはカナダのアルバータ大学、ベルギーのリュージュ大学、チューリッヒのスイス連邦工科大学（ETH）の植物学者らで、ゲノム編集によって、病気を引き起こすウイルスに感染しにくいキャッサバを開発していたが、病気を起こすウイルスには感染しにくくなったものの、他のウイルスが増殖していたというもの。増殖していたのはジェミニウイルスで、ゲノム編集で遺伝子を操作したところウイルスが変化を起こし、増殖していることが示されたもの。著者の一人ETHのデバン・メフタは、ゲノム編集はこのような新たな脅威をもたらす可能性がある、と指摘している（Phy.org 2019年4月26日号）。

第6章 政府や企業はゲノム編集推進一辺倒

欧州司法裁判所が規制を求める判決

遺伝子組み換え技術に続く、ゲノム編集など次から次に開発されている新しいバイオテクノロジーを規制するか、もし規制するとしたらどのような規制にするのか。あるいは規制しないのか。世界的に政治的焦点のひとつになってきた。規制をしたくない、あるいはさせたくない政府や多国籍企業、そして研究者などがいる一方で、規制を求める農民や市民、途上国があり、その間で論争が続いている。

この間、米国、オーストラリア、英国、あるいはブラジルやアルゼンチンなどの政府が相次いで規制しない方向を打ち出し、日本もその流れに追随し、規制しないことが世界的な流れになっていた。その背景には、「ゲノム編集を遺伝子組み換えの二の舞にするな」という意向が強く働いていた。遺伝子組み換えを用いた研究・開発を妨げたものこそ、遺伝子組み換え作物・食品への規制であり、とくに食品表示を行ったことで消費者の強い拒否反応をもたらした、と各国政府は考えていた。

遺伝子組み換え食品の二の舞を防ぐためには、規制をさせず、食品表示をさせないことが必須である、という認識である。各国政府とも軒並み規制をしないことを決めていくなかで、EU（欧州連合）の姿勢が焦点になっていった。EUの政府組織に当たる欧州委員会は、世界の流れに乗って、規制しない方向を打ち出していた。しかし、それに待ったをかけたのが市民や農民、独立系科学者だった。欧州委員会の方針に対抗して、裁判に訴えたのである。

2018年7月25日、そのEUの司法機関である欧州司法裁判所が、ゲノム編集など新しいバイオテクノロジーで開発した生物について、遺伝子組み換え生物と同じに扱うという判断を下した。これにより欧州では、従来の遺伝子組み換え生物同様に、ゲノム編集生物も生物多様性影響評価を行い、承認を受けることが義務づけられた。これは作物や家畜、魚だけでなく、実験用植物や動物も対象になる。さらに作物の場合は、食品としての安全性を評価し、食品表示を行わなければならず、その表示が正確かどうかを裏付けるためのトレーサビリティ（追跡調査できる仕組み）を行わなければならなくなった。これは市民による闘いの勝利であった。

EUでは、この判決により、ゲノム編集などで開発した作物の栽培に関しても、遺伝子組み換え作物同様に各国の判断で禁止できることになる。EUのこの判決は、遺伝子組み換え技術やゲノム編集技術も含めて、新植物育種技術（NPBT）と呼ばれるさまざまな最先端のバイオテクノロジーを応用した植物すべてを規制の対象としたのである。新植物育種技術はゲノム編集以外に、オリゴヌクレオチド指定突然変異導入技術、シスジェネシス・イントラジェネシス、RNA依存性DNAメチル化、接ぎ木との組み合わせ、逆育種、アグロフィルトレーション、合成生物の計8種類がある(注)。

この判決を受けて、ドイツの企業バイエル社とBASF社は、欧州でのゲノム編集技術を用いた作物開発を断念することを明らかにした。とくにBASF社は、この間進められたバイエル社によるモンサント社買収問題で、バイエル社が巨大になりすぎることを警戒した米国やEUの政府による裁定で、バイエル社の欧州での種子部門の多くがBASF社に売却されたことから、この判決がもたらしたダメージは大きいと見られている。

環境省は規制せず

日本政府も動いた。日本の場合は、やはり官邸主導である。2018年6月15日、安倍政権の政策の大きな柱のひとつであるイノベーション（技術革新）をさらに強化し推進するため、「統合イノベーション戦略」を閣議決定し、統合イノベーション戦略会議設置を決め、その戦略の中でゲノム編集をイノベーションの核となる技術のひとつと位置づけたのである。推進せよという掛け声が声高に叫ばれたのである。いまの政府には、官邸の意向に逆らう力はない。これにより方針は定まった。

官邸は、ゲノム編集を推進するために、それを規制している法律や指針について、検討を加えることを求めた。その法律とは、カルタヘナ法、食品衛生法による規制であり、さらには生命倫理に関して、ヒトクローン法にもとづく指針がある。そこでの規制の在り方を年度内に明確化することを求めた。そこには暗に規制をするな、という強い働きかけがあった。

早速、翌月の7月11日に環境省中央環境審議会の遺伝子組み換え生物等専門委員会（以下、専門委員会）が開催され、「カルタヘナ法におけるゲノム編集技術等検討会」（以下、検討会）の設置が決まり、そこでの議論の方針が示された。

政府の検討の仕方は、法律の定義に沿うかどうかということに論点を置いたものである。私たち一般の市民からすれば、その技術が安全か、あるいは倫理的に問題ないか、環境に影響をもたらさないか、という点にこそ関心がある。そこには政府の検討の仕方とは明らかにギャップがある。具体的にいうと、環境省の場合、ゲノム編集という技術が、カルタヘナ法で定義されている「モダンバイオテクノロジー」に当てはまるかどうかが問題になってくるのである。

カルタヘナ法というのは、生物多様性条約カルタヘナ議定書の国内法である。少し詳しく述べる。生物多様性条約とは、国連環境計画が作成し、1992年にリオデジャネイロで開催された国連環境会議で採択された地球環境保護のための国際条約である。その生物多様性条約が成立した際に、遺伝子組み換え技術や細胞融合技術などのモダンバイオテクノロジーの規制を特別に求め、その議論が開始された。そしてコロンビアの都市カルタヘナで行われた特別会議で、その規制の仕組みが固まり、2000年に生物多様性条約締約国会議本会議で採択され、2003年に発効した。この議定書は各国に国内法制定を求めたためにつくられた日本の法律が、カルタヘナ法である。

そのカルタヘナ議定書では「モダンバイオテクノロジー」が定義されている。環境省での議論は、その定義に当てはまるかどうか、当てはまらないとするとどういう理由なのか、が議論されたのである。

そして、ゲノム編集によりDNAを切断し遺伝子を壊すだけで、切断個所に何も挿入しないケースは、この定義から外れるので、規制の対象外とする、すなわち規制は行わない、としたのである。どんなにわずかでもDNAを挿入した場合は、モダンバイオテクノロジーの定義に当てはまり、規制の対象となるとしたのである。

現在、ゲノム編集はDNAを切断するだけのものがほとんどであり、この決定は、ゲノム編集技術は規制しない、ということに等しいものだった。その後、検討会が8月7日、20日の二度にわたり開催され、その方針を了承、8月30日に再び専門委員会が開催され、正式に大半のゲノム編集技術について法律での規制を行わないことを決定したのである。

厚労省も規制せず

環境省の検討に次いで、2018年9月19日、厚労省が食品衛生法での方針を決定するため、薬事・食品衛生審議会の新開発食品調査部会・遺伝子組み換え食品等調査会を開催し、ゲノム編集技術に関する考え方の整理と、食品衛生法での規制に関して審議が始まった。

厚労省の場合は、食品衛生法で規定している「組み換えDNA」の定義に当てはまるかどうか、という議論が進められた。ここでも市民の関心の的である、その技術が安全か、あるいは倫理的に問題ないか、環境に影響をもたらさないか、という点とは異なったところで議論が進められたのである。

結論からいうと、同調査会は、環境省のカルタヘナ法での規制よりも、さらに突っ込んで規制しない方向に踏み切った。とくに問題だったのは、

表1　日本におけるゲノム編集技術規制の仕組み

生物多様性への影響	カルタヘナ法（環境省、農水省など）
食品の安全性評価	食品安全基本法、食品衛生法（厚労省、食品安全委員会）
飼料の安全性評価	飼料安全法、食品安全基本法（農水省、食品安全委員会）
食品表示	食品表示法（消費者庁）
生命倫理	厚労省・文科省の指針（ヒトクローン規制法にもとづく）

表2　カルタヘナ法と食品衛生法による分類と規制

タイプ1（DNAを切断）	環境省・厚労省共に規制せず
タイプ2（切断と同時に少量のDNAを導入）	環境省は規制、厚労省は規制せず
タイプ3（切断と同時に遺伝子を導入）	環境省・厚労省共に規制

（注）ただし植物において、戻し交配等で導入遺伝子を除去すれば、タイプにかかわりなく規制の対象とせず。

環境省の場合、DNAを導入するケースは、どんな場合でも規制の対象に入れたが、厚労省は、わずかな量のDNAを入れるケースについては規制の対象から外したのである。本来ならば、わずかな量のDNAでも挿入すれば、これは明らかに組み換えDNAであり、規制の対象にすべきである。あまりにも無謀な結論といえる（表1、表2参照）。

しかも最終産物である植物や動物で、挿入したDNAが残らない、あるいは除去した場合もまた、規制の対象から外したのである。これにより欧州では規制の対象となった「新植物育種技術（NPBT）」と呼ばれる、ゲノム編集以外の新技術のほとんどすべてが規制を免れることになった。

これら環境省や厚労省の決定は、けっして作物や家畜だけに影響するものではない。人間への応用にも影響する。生命倫理での規制に関しても、規制を排除する方向で結論が出されるのである。2018年9月28日、厚労省と文科省の合同有識者会議（厚労省の厚生科学審議会科学技術部会のヒト受精胚へのゲノム編集技術等を用いる生殖補助医療研究に関する専門委員会と、文科省の科学技術・学術審議会生命倫理・安全部会の受精胚へのゲノム編集技術等を用いる研究に関する専門委員会）が開催された。同会議では、ヒト受精卵へのゲノム編集技術などを適用することに関して、禁止するのか、容認するのか、容認するとなるとどこまで容認するのかを検討してきたが、今回で第4回目の会議で、指針案がまとめられ、研究に限定したものの人間の受精卵に用いることを容認した。この容認の正式決定は同年度内に成立し、2019年4月1日には、実験ができるようになるのである。これまで、いっさい手を付けることが認められてこなかった人間の受精卵に対して、遺伝子操作を容認したのである。限定的とはいえ、入り口を開いたことで、将来的には全面解禁の可能性を切り開いたといえる。

目的は生殖補助医療に役立つこと。扱える受精卵は不妊治療での余剰胚に限定する。人や動物の体内に戻すことは禁止する。研究機関は倫理委員会を設置し審査するとともに、国も倫理委員会を設置し確認する。基本的に研究に関する情報は公開される、という内容である。しかし、この限定的とされる条件がいつまで続くかは、分からない。

► 国際的な動き

国際的に「規制をしない」動きが強まっていることはすでに述べたが、政府として規制の姿勢を示している唯一の国が中国である。米国政府農務省（USDA）の報告によると、中国農業省はゲノム編集技術応用食品について遺伝子組み換え食品並みの規制を行う方針だと伝えている。それでもUSDAは将来的には規制を緩和するかもしれないと指摘している。同時に、中国の消費者は遺伝子組み換え作物に対して否定的であり、農業省が努力をしても、このままでは規制は緩和されないかもしれないとも述べている。EUと同様に、政府は規制を行わないとしたため市民が訴え、裁判で規制を決めた国が、ニュージーランドである。環境影響評価を遺伝子組み換え生物並みに行うことが求められた。しかし、同国の場合、食品の安全性に関しては、オーストラリアと共同で政策を行っていることから、規制の網の目はかけられていない。

このように規制について世界各国で見解が分かれるなかで、開発を活発化させているのが米国である。その背景には、ゲノム編集関連特許を押さえていることがある。遺伝子組み換え作物の開発大国になったのも、モンサント社が大半の特許を押さえたことが大きかった。すでに述べたように、ゲノム編集技術にかかわる特許の大半をモンサント社（バイエル社に買収された）とデュポン社（ダウ・ケミカルと合併）が押さえており、開発と商業化は米国が中心になることは必至である。

こんな出来事も起きていた。カナダ・モントリオールで、2019年7月2～13日、生物多様性条約の中の合成生物学、ゲノム編集など新しいバイオテクノロジーの規制をめぐる専門家会議が開催された。その際、カナダ政府が、アフリカの環境保護運動のリーダーにビザを発行せず、入国を拒否したのである。この専門家会議では合成生物学が議論され、ゲノム編集技術を応用した遺伝子ドライブ技術が焦点化することが予想されていた。これらの技術がどのようなもので、どのような問題があるのかは、後ほど述べることとする。

入国を拒否されたのはブルキナファソの環境保護団体「地球の生活」代表のアリ・タプソバで、専門家会議に合わせて設定されていた2つのイベントで講演することになっていた。遺伝子ドライブ技術に反対してきた運動のリーダーの入国拒否は、カナダ政府の姿勢であると同時に、ゲノム編集技術への批判を許さない先進国政府の強い姿勢でもあった。

有機農業をめぐる動き

このような動きのなかで、生命倫理とはやや異なるものの、有機農業をめぐって論争が起き、市民が一矢を報いた。きっかけは、2019年7月に米国政府農務省の次官グレッグ・アイバーが行った発言だった。この次官は、米国連邦議会農業委員会で有機農作物の生産力を強めるために、ゲノム編集技術を用いることを考える時期にきた、と発言したのである。この考え方はトランプ政権の姿勢とも一致するものであり、そのため現実化する可能性があることから、有機農家や消費者の間で、危機意識が強まった。

もともと遺伝子組み換え食品（GMO）は、放射線照射食品と並び、有機食品としては認められない原則がある。ゲノム編集食品はどうなのか。グレッグ・アイバーの発言は、ゲノム編集技術はGM技術ではないという、世界的な流れにもとづく。さっそく米国内で有機種子生産者協会（OSGATA）が、これは有機農業の精神に反する、と批判した。有機農業の種子は生物多様性を守ること、大企業による種子支配を排除すること、農地の伝統を受け継ぐことが基本であり、ゲノム編集の種子はそれに反する、と指摘したのである。

日本でも独立行政法人・農林水産消費安全技術センターが2019年9月30日から「ゲノム編集と有機認証」について検討会を開催した。その会合で有機農業団体などが、このような動き自体を激しく批判した。そのようなこともあり、11月8日、農水省は正式にゲノム編集作物は有機として認証しない方針を示したのである。しかし、ゲノム編集食品には、安全審査がなく、表示もなく、届出も任意なため、一般の食品と区別がつかない。はたしてゲノム編集食品が有機農作物あるいは有機食品に入り込んでこないのか、区別はつくのか、その問題点は残ったままである。官邸主導で、規制しないという方針が最初に決められたことによる問題は、このような形で浮き彫りになるのである。

（注）新植物育種技術

オリゴヌクレオチド指定突然変異導入技術　類似の遺伝子は組み換えが起きやすいという原理を利用して、小さなDNAの一部を変えて導入し突然変異を起こさせる方法である。放射線や化学物質などを利用した突然変異と異なり、偶然に左右されない突然変異を可能にする。

シスジェネシス・イントラジェネシス　シスジェネシスは、同じ種の遺伝子や、ナタネとカラシナのような交雑可能な近縁種の遺伝子を導入する技術である。イントラジェネシスは、その同種や近縁種の遺伝子に変更を加えて導入する技術である。

RNA 依存性 DNA メチル化　DNA に変更を加えるのではなく、DNA を外からコントロールしているところに働きかけ、遺伝子の働きを止める技術である。

接ぎ木　例えば遺伝子組み換えのリンゴなどの果樹の台木に通常の木を接ぎ木して、果樹そのものは組み換え遺伝子が残らない方法である。逆に、通常の台木に、遺伝子組み換えの穂木を接ぎ木して、組み換え遺伝子が残らない地下茎などを収穫するものである。弘前大学が開発した方法では、穂木に遺伝子を組み換えたジャガイモを用い、台木にあるジャガイモの遺伝子を働かなくさせたものである。

逆育種　優良品種に遺伝子組み換えを行い改良した子孫から、その遺伝子を除去して親の代を復元する。

アグロフィルトレーション　病気を引き起こす遺伝子を導入したウイルスや細菌を接種して、病気を引き起こさなかった個体は抵抗力を持ったと考え、その個体を育てる。

合成生物　人工的に合成した遺伝子や細胞を用いてつくり出す生物のこと。人工合成した DNA によって生きている微生物がすでに作成されているものの、まだ基礎研究の段階である。

第7章 ゲノム編集、iPS細胞、動物利用が変える臓器移植

活発化する臓器移植

ゲノム編集の登場が、臓器移植を活発化するとともに、その方法にも大きな変化をもたらそうとしている。とくにゲノム編集とiPS細胞（人工多能性幹細胞）、それに動物を組み合わせることで、従来とは異なる臓器づくりができることから、新たな臓器移植に向けた動きが活発になっている。従来の臓器移植は、基本的に人から人への臓器や組織の移植である。その場合、心臓移植などのように「新鮮な臓器」を前提とするケースでは、まだ心臓が動いている状態での移植が必要になり、「脳死は人の死」と定義を変更して、まだ心臓が動き呼吸もしている段階で、臓器移植が行われてきた。この、まだ心臓は動き、呼吸はしているのに「死」を宣告する「脳死」は果たして「死」といえるのだろうか。批判が強まり長い論争が展開されてきたのに、である。

並行して機械を利用する人工臓器や、機械に生体物質を組み合わせたハイブリッド臓器も登場するが、拒絶反応や異物反応を前に、開発は進んでこなかった。異物反応とは主に、機械を異物と感じて血液が固まってしまうような反応をいう。

最近は、それに代わる新たな動きが強まってきた。それがゲノム編集、iPS細胞、ES細胞、そして動物の利用の組み合わせである。臓器移植の世界が、これまでは踏み込んでこなかった領域に入りはじめたといえる。それに伴い、これまで手を付けることがなかった子宮移植を目指した動きも出ている。子宮は、脳に次ぐ臓器移植の最後の聖域、すなわち禁忌とされてきた臓器である。

▶ 豚の臓器を人間に移植へ

臓器移植がさらに深く禁忌へ踏み込もうとしている。動物の臓器を人間に移植する動きである。豚の臓器を人間に移植するような異なる種の間の移植を、異種移植、あるいは異種間移植という。2016年4月10日、厚労省の研究班（異種移植の臨床研究の実施に関する安全確保についての研究班）は、これまで事実上、異種移植を認めてこなかった指針（異種移植の実施に伴う公衆衛生上の感染症問題に関する指針）を見直すことになり、新指針案が厚労省審議会にかけられた。対象は、1型糖尿病患者への、豚の膵臓にあるランゲルハンス島（膵島）細胞の移植である。1型糖尿病の患者は、生涯にわたってインシュリンを注射しなければならないが、その負担が軽減されるというのが、その理由である。改定された指針が同年6月13日に各都道府県の保健担当者に示された。

これまでなぜ、異種間の移植が事実上認められてこなかったかというと、ひとつは拒絶反応の大きさに問題があった。異種移植の場合、人間同士の移植と異なり、移植してすぐに起きる拒絶反応である「超急性拒絶反応」が起きるなど、克服が難しい問題が多い。もうひとつが豚のDNAに内在するウイルスの人間への感染の問題がある。人間にはこれまで感染したことがなかったり、感染したとしてもごくまれなウイルスの遺伝子が人間に持ち込まれる危険性である。人の場合、DNA全体に占めるウイルス由来のDNAは半分以上になると考えられている。豚も同様と思われる。

拒絶反応に対しては、豚の細胞の遺伝子を操作する方法の開発が進められてきた。米ハーバード大学の研究チームが取り組んでいるのが、ゲノム編集技術を用いて、人間の免疫細胞が異物ととらえる、豚の細胞の表面にあるマーカーの遺伝子を破壊し、認識しないようにする方法である。すなわち、豚の臓器と認識させないようにする方法である。もうひとつは、豚の細胞の表面を特殊な膜で包み、免疫細胞が攻撃しないようにする方法で、この方法を用いて国立国際医療研究センターが異種移植を計画してきた。

内在ウイルスの対策だが、厚労省研究班は、これまで海外で行われた豚の膵島細胞移植の臨床研究では、人間への感染例が見られないということを、異種移植容認の根拠にしている。しかし、それだけでは移植例が少なく、期間も短く、リスクが大き過ぎる。そのため今回の指針改定でも、生涯の経過観察期間を設定している。

そこで、いま注目されているのがゲノム編集技術を用いたウイルス遺伝子の不活化である。米ハーバード大学の研究チームが、この技術を用いて、豚がもつ、これまで判明している病気をもたらす可能性があるウイルス関連遺伝子を同時に多数破壊して、ウイルスの感染力を大幅に低下させる研究を進めてきた。その成果が『サイエンス』誌（2017年8月10日）に発表された。実験を行ったのはジョージ・チャーチらの研究チームで、デンマークや中国の研究者と共同で行っている。もし成功したとすると、異種移植で大きな問題のひとつとされている動物に内在するウイルスの人への感染の問題をクリアしたことになる。このケースで破壊したのは豚内在性レトロウイルスである（AFP 2017年8月11日）。このように、異種移植もまた、ゲノム編集技術の登場で大きく進もうとしているのである。

2016年3月には、大塚製薬の研究チームがアルゼンチンで、糖尿病患者への豚の膵島細胞移植を行い「効果があった」という報告を、国内の再生医療学会で行っている。まだ国内で行うと倫理違反になるため海外で行ったようだが、明らかに人体実験であり、倫理違反といわれても仕方ない行為といえる。

豚のゲノム編集での操作が活発化すると、以前から移植医療が狙ってきた豚の心臓の人間への移植へと進む可能性が出てくる。すでに、豚の心臓をヒヒに移植し、2年半生存させたという報告があり、膵島の次は心臓だと、移植医療は考えているようだ。

新たな形の臓器移植

新たな形での移植として発表されたのが、東京慈恵医大と大日本住友製薬が開発を始める腎臓移植である。両者は2019年4月5日、iPS細胞と豚の胎児組織を使って腎臓の元となる組織をつくり出し、それを患者に移植して患者の体内で腎臓にまで成長させるという、腎臓再生医療に取り組むことを明らかにした。まず患者本人の細胞からiPS細胞をつくる。豚の胎児から腎臓の元になる組織を取り出し、そこにiPS細胞を注入して、腎臓の種をつくり出す。その種を患者本人に移植して、腎臓にまで成長したら尿管につなぎ機能させるというのが、そのシナリオである。その際、最終的には豚由来の細胞を除去する予定だとしているが、この場合でも、拒絶反応対策に加えて、動物由来の内在ウイルス対策は必須であり、そこにゲノム編集が用いられそうである（図3参照）。

図3　慈恵医大と大日本住友製薬の移植のシナリオ

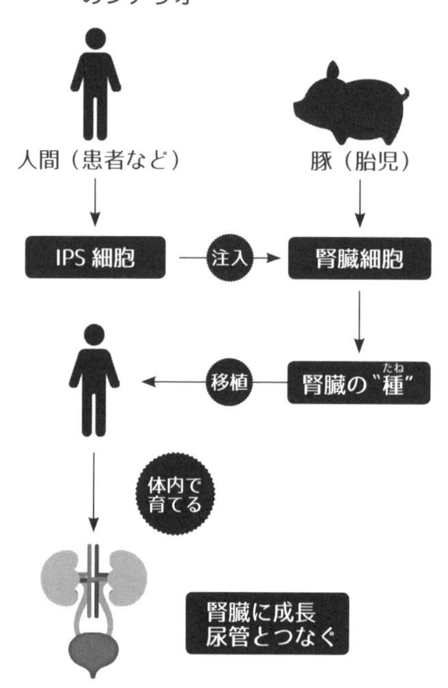

子宮移植について見てみると、日本医学会が2019年4月3日、生殖医療や移植医療などを検討する検討委員会を設置し、子宮移植の解禁に向けて検討に入っている。子宮移植と関連して代理出産を認めるかどうかも検討することになる、としている。これらの課題について2年以内に結論を出す予定だそうだ。すでに2018年11月に慶応大学が親族間での子宮移植を目指して臨床研究計画を日本産科婦人科学会に提出している。東京女子医大もサルを用いて子宮移植の実験を開始したことを明ら

かにしている。他のサルから移植した子宮に、体外受精で作成した受精卵を入れ、妊娠と出産を目指すとしている。これらの動きが重なり、日本医学会が検討を開始したと思われる。

iPS細胞について

ここでiPS細胞について見ていこう。いまや臓器移植において、iPS細胞はゲノム編集を得たことで、その主役に躍り出ようとしている。この細胞は、京都大学の山中伸弥教授がノーベル賞を受賞したことで、にわかに注目されることになった。iPS細胞とは、人工多能性幹細胞（induced pluripotent stem cell）のことだが、テレビ・新聞をはじめ、ほとんどのジャーナリズムは、ES細胞（胚性幹細胞、Embryonic stem cell）と並び、あらゆる組織や臓器をつくり出すことができることから、「万能細胞」と呼んでいる。

iPS細胞が開発される前にES細胞が開発された。ES細胞は、受精卵を壊してつくり出すため、人間への応用を進めようとすると、「一人の人間を誕生させることができる受精卵を壊す」ことで、その出発点において倫理的な問題を抱えていた。また、韓国で起きた黄禹錫（フアン ウ ソク）事件が、影を落とすことになった。当時、韓国の英雄的科学者として著名だった黄禹錫が、人間の体細胞クローン胚からES細胞を樹立したと発表し、世界中が驚き、また称賛した出来事だったが、それが偽造されたものであったという事件である。事件そのものというより、きわめて恵まれた条件で体細胞クローン胚からES細胞をつくり出すのに成功したということだったのだが、それが嘘だったことの衝撃が大きかった。

研究成果が掲載されたのは、『サイエンス』誌2005年6月17日号のことだった。世界で初めて人間の体細胞クローン胚から、ES細胞をつくり出すのに成功したとする、画期的な論文だった。この論文で注目されたのは、世界で最初の成功だったことに加えて、184個の卵子から11個ものES細胞をつくり出したとする、その高い成功率だった。その11個のES

細胞の写真が論文に掲載された。数千もの卵子を用い、やっと1～2個程度できるのならまだしも、わずかの卵子で多数つくり出したことに、世界中の科学者が驚いたのである。

その後、徐々に問題点が明らかになっていった。まず問題になったのが、生命倫理違反だった。卵子は金銭などを伴わない任意の提供以外は認められていない。しかし黄禹錫は、金銭を出しての不正な購入を行っていた。さらに、その地位を利用して若い女性研究者などに卵子提供を強要していたことも明らかになったのである。

論文のねつ造も明らかになっていった。まず11個のES細胞の写真が、わずか2枚のものを水増ししていることが分かった。使用した卵子も1200個を超えていたことが分かった。さらに2枚のES細胞の写真も、ヒトクローン胚由来のものではないことが明らかになった。完全なねつ造だった。この事件は、体細胞からES細胞をつくることの難しさを示したといえる。これにより研究は、ES細胞からiPS細胞へと向かうのである。

iPS細胞は、体細胞の中の幹細胞からES細胞に似た細胞づくりとして進められ誕生した。iPS細胞は、ES細胞と似た細胞だが、受精卵からつくり出されるわけではないため、あらゆる組織や臓器に分化させるには、手数が必要である。その手数とは、どのようにして体細胞の幹細胞にES細胞並みの能力を持たせるか、であった。研究者たちは、競ってES細胞と同様の能力を持つiPS細胞づくりに取り組み、最初に開発したのが山中教授だった。その方法は、ゲノム解析でES細胞と体性幹細胞で遺伝子の異なる部分を探し、4つの遺伝子に絞り込み、それを組み換えてつくり出したのである。その後、遺伝子の数を減らしたり、化学物質を用いるなど、さまざまなiPS細胞が開発されてきた。このiPS細胞は、受精卵を壊してつくるわけではないため、倫理的問題はなくなったとして開発に歯止めがかからなくなり、競争が激化したのである。

その後iPS細胞から、さまざまな臓器や組織をつくる試みが進んできた。そのひとつの事例が、慶応大学教授・岡野栄之らの研究チームが行っている、神経幹細胞を用いる実験である。脊椎損傷を起こさせたマウスに、iPS 細胞からつくり出した神経幹細胞を 50 万細胞導入したところ、マウスの後ろ足が動くようになったというものである。理研の高橋政代研究チームが行った実験は、加齢黄斑変性の治療に iPS 細胞からつくり出した網膜色素上皮細胞を移植するというものである。また東大医科学研究所教授の中内啓光らの研究チームが取り組んだのが、膵臓ができないマウスにキメラ技術を用いて、ラットの ES 細胞を導入したところ、マウスに膵臓ができたというものである。この技術を応用して、米国ソーク研究所は、マウスで人間の膵臓をつくり出している。前出の岡野栄之らの研究チームはまた、精子の基となる細胞をつくり出した。その精子を受精させることで、機能が正常か否かを確認し、生命が誕生すれば「人工人間」となる。生命を扱う科学者の世界は、いったん歯止めを失うと、より危うい世界へと入り込んでいくといえる。

iPS 細胞からつくられる細胞や組織としては、従来は網膜や角膜といった目の細胞、脳や脊椎といった神経細胞、血小板などの血液細胞や心筋細胞などであった。iPS 細胞は立体の形をつくることができないため、細胞の塊として使うかシート状にして使うしかなかった。動物につくらせると立体構造をもった臓器そのものをつくることができる。動物性集合胚で子どもを誕生させることが承認され、このような臓器づくりと移植を目指した動きが活発になったといえる。この動物性集合胚については、次の章で見ていくことにする。

第8章 人間と動物の雑種づくりを容認

動物性集合胚にゴーサイン

臓器移植が、ゲノム編集とからみ、さらに深く生命倫理の禁忌へ踏み込もうとしている。動物性集合胚という分野である。これまでタブーとされてきた、人と動物のキメラ作成の容認である。キメラとは、もともとはライオンの頭、蛇の尾、ヤギの胴を持つギリシャ神話の怪獣「キマイラ」に由来する動物のことである。遺伝的に異なった細胞や組織が入り乱れて存在する生物のことである。いま進められている計画は、主に人と豚の雑種づくりである。

経緯を見てみよう。文科省は2019年3月1日に、「特定胚の取り扱いに関する指針」を改定して、動物の胚と人間の生殖細胞などを混ぜてつくり出す動物性集合胚を、動物の子宮に戻し、子どもを誕生させることを正式に認めたのである。その4月から人間と動物の雑種づくりが可能になった。主には受精して間もない動物の卵の中に、人間のiPS細胞やES細胞などを入れ、子どもを誕生させることになる。この子どもは、動物と人間の境目が不確かな状態にあり、本来、そのような生物を誕生させること自体が許されなかった。そのタブーを打ち破り、誕生させてもよいとしたのである。主な目的は、人間の臓器を動物につくらせることにあるが、それ以外にも応用が広がっていきそうである。

この指針は「ヒトに関するクローン技術等の規制に関する法律」にもとづいて制定されたもので、通常の胚とは異なる胚についての取り扱いを定めたものである。通常の胚とは、人間同士の精子と卵子が出会い受精して成立する胚のことで、それとは異なる胚とは、クローン技術で誕生させた胚や、動物と人間との混合胚のようなものを指す。そのなかの動物性集合胚に関して実用化を認めた。この胚に関しては「移植用ヒト臓器の作成に関する基礎的研究に限る旨」と規定されていたが、その規定を削除し応用も可能としたのである。応用とは、子どもを誕生させてもよいとしたのである。

動物性集合胚の種類は?

では動物性集合胚という、動物と人間の雑種とはどんなものなのだろうか。最も想定されているのは、豚などの受精卵に人間のiPS細胞やES細胞を入れて、人間の臓器や組織をつくらせることにある。しかし、法律で定義されている動物性集合胚の内容はもっと幅広く、今後、さまざまな動物と人間の雑種がつくられ、応用が行われていくと思われる。

動物性集合胚とは、法律では次の4つの種類を指す。

第一番目の種類は、2つ以上の動物性融合胚が集合してひとつになったものである。ここでいう動物性融合胚とは、人間の卵子から核を取り除いたものと、動物の胚やES細胞と融合した細胞のことである。いわば人間と動物の生殖細胞を組み合わせたものである。

第二番目の種類は、一つ以上の動物性融合胚と、一つ以上の動物の胚、あるいは動物の胚からつくり出したES細胞、あるいは動物の体細胞やiPS細胞が集合して一体となったものである。これも人間と動物の生殖細胞を組み合わせたものである。

第三番目の種類は、動物の胚に次のような人間の細胞を一体化したものである。人間の体細胞、人間の受精胚、人間の受精胚を分割したもの、人間の受精胚で核移植を行ったもの、人間のクローン胚、人間と動物の交雑胚、人間の集合胚などである。

人間の体細胞には、死亡した胎児の細胞が含まれている。人間のクローン胚は、そのまま誕生すると「クローン人間」となる胚である。人間と動物の交雑胚には、文字どおり人間と動物の精子と卵子を用いて受精させたものが含まれている。人間の集合胚は、2つ以上の人間の胚、クローン胚、あるいはiPS細胞やES細胞を集合させたものであるが、その集合胚をさらに集合させたものも含まれている。こうなると何が何だか分からなくなってくる。

そして第四番目の種類は、これまで述べてきた1〜3の集合胚からつくられたES細胞が、人間の卵子から核を取り除いたものや、動物の卵子の核を取り除いたものと融合したものである。

このように、ありとあらゆる種類の組み合わせで、動物と人間の雑種がつくられ、それが動物の体内で育ち、誕生することを容認したのである。それを使って人間の臓器や組織をつくり、移植に用いたり、病気の臓器をつくり医薬品開発につなげようというのだが、このような生命体誕生自体、倫理的にとても許されるものではない。しかし、政府は研究・開発を優先して容認したのである。

▶ 臓器づくりに動き出す

この政府の決定をにらんで、すでに東京大学の研究チームによって、動物性集合胚を用いてヒトの臓器を製造する方針が出されていた（2018年12月8日 毎日新聞）。この臓器製造を行おうとしているのは、東京大学医科学研究所の中内啓光特任教授を中心とした研究チームで、豚に人の膵臓をつくらせる計画である。学内の倫理委員会に申請する予定である。すでに見たように国によって、動物性集合胚で人の臓器を持った動物の生産が了承されており、その最初の可能性が出てきた（図4参照）。

動物性集合胚づくりの当面の目的は、動物の体内に人間の臓器をつくらせることにある。そのために人間のES細胞やiPS細胞を動物胚に挿入することになる。しかし、これらの細胞は無限に細胞分裂を繰り返す、がん細胞と紙一重にある細胞であり、挿入された動物にどのような影響をもたらすか、臓器を移植した人間にどのようなことが起きるのか、まったく未知数である。実際にiPS細胞を用いた移植で、有害事象が起きている。

2018年1月に神戸市立医療センター中央市民病院が滲出型加齢黄斑変性症の患者に対してiPS細胞を用いて作成した網膜を移植したところ、網膜浮腫を発症させたのである。iPS細胞自体がまだ人体実験の段階にある。

一歩進み、移植用の臓器がつくられたとしても、実際に移植した際に起きる拒絶反応がどんなものか未知数であり、また動物由来のウイルス感染も起きえる。その対策として考えられるのが、すでに述べたゲノム編集技術の適用である。拒絶反応をもたらす遺伝子を壊すと同時に、動物に内在しているウイルスの遺伝子を壊す操作が考えられる。しかし、それも確実にターゲットの遺伝子を壊すことが保証できないうえに、次章で述べるようなゲノム編集が持つさまざまな問題点が、起きてしまう可能性がある。例えば、標的以外の遺伝子を壊すオフターゲットと呼ばれる現象が発生し、さまざまな遺伝子が壊れた臓器がつくられる可能性がある。それは臓器移植に新たな問題をもたらすかもしれない。それ以外にも、さまざまな問題点が浮上してくることは必至である。

図4　動物性集合胚を用いた臓器づくり

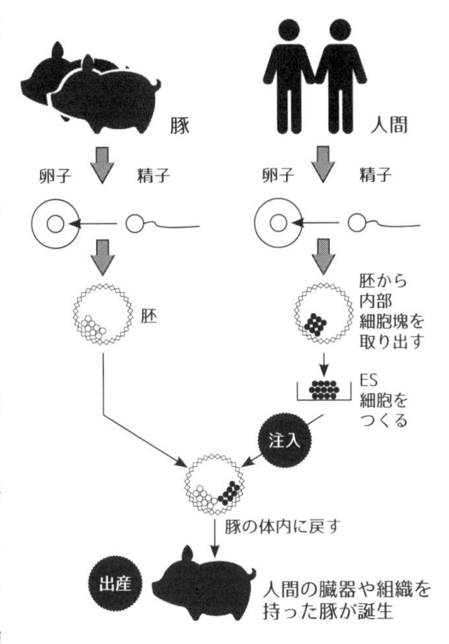

このように生命操作は次々に新たな問題が発覚し、その対策が行われると、さらに新しい領域で問題が発生し、さらに新たな技術が開発され、さらに新たな問題が発生するという連鎖が起きてしまう。それとともに、いったん後退した生命倫理の壁は、さらに後退を強いられ、どこまでも坂道を転がり落ちていくように後退を繰り返し、やがて完全に崩壊に至ることになりかねない。

第9章 ゲノム編集がもたらす生命へのダメージ

ブラジルがゲノム編集牛導入を中止

ゲノム編集技術で開発した「角のない牛」が、思いがけない形で波紋を投げかけた。この牛は、米国ミネソタ州にあるベンチャー企業のリコンビネンティクス社が開発したもので、ブラジルでこの牛を大規模に輸入する話が進んでいた。この導入計画がスタートしたのは、2018年10月のことだった。しかし、この牛にある問題が起きていることが判明して、この導入計画は中止となったのである。約1年後のことだった。

米国ではゲノム編集牛は、この技術の成果の象徴としてポスターに使われ、ゲノム編集の宣伝に用いられてきた。同社のCEOのタミー・リー・スタノックは、この牛を「農場革命」の主役として宣伝し、それに乗ったのがブラジルだった。

この会社は、角のない牛を特許申請し、また動物福祉に寄与すると喧伝していた。同社による分析では、オフターゲットは起きていないとされていた。オフターゲットとは、思いがけないところで遺伝子が壊れている現象で、この技術の弱点とされている問題である。しかし、米国政府FDA（食品医薬品局）が検査したところ、複数のオフターゲットが見つかっていた。同社の検査のずさんさが明るみに出たのである。

FDAの検査によって、それ以外にも問題が起きていることが判明した。この牛には存在してはいけないはずの、複数の抗生物質耐性遺伝子が見つかったのである。ネオマイシンとカナマイシン耐性遺伝子、アンピシリン耐性遺伝子である。それを受けて、ブラジルの輸入計画は中止が本決まりとなり、このゲノム編集牛は、堕ちた偶像になったのである。

なぜ、このように複数の抗生物質耐性遺伝子が見つかったのだろうか。最大の理由が、ゲノム編集は遺伝子組み換えと同じ方法を用いるからである。各国政府がゲノム編集技術を規制しなかった最大の理由が、「遺伝子組み換えとは違う」という点だった。しかし、この事実が遺伝子組み換えと同じことを、はっきり示したといえる。違うという理由が、いかにこじつけであるかが示されたのである。

FDAはこの結果を受けて、2020年2月7日、ゲノム編集動物の規制と監視体制を強化する必要がある、という声明を発表した。FDAがこのような声明を発表したのは異例のことで、ゲノム編集で開発した角のない牛から、抗生物質耐性遺伝子が検出されたことを受けてのことで、声明では「ゲノム編集によるゲノムの変化が、動物にとって安全であり、食品を食べる人にとって安全であり、ゲノムの変化が意図したように機能することを確実にする必要がある」と述べている。

▶ 壊してよい遺伝子などない

遺伝子は、DNAという化学物質にあることはよく知られている。遺伝子は、一つひとつの単位を表す。人間だと、2万強の遺伝子があり、その一つひとつが蛋白質をつくる単位になっている。その多数ある遺伝子全体をゲノムといい、一つひとつの単位を操作してきた遺伝子組み換えに比べて、そのゲノム全体を操作できるようになったことから、「ゲノム編集」という名前が付けられた。

DNAは化学物質であるが、単なる化学物質ではない。「生命のもっとも基本にあって活動している単位」なのである。企業や研究者は、化学物質であることを強調して、実験・開発を進めてきた。生命を物質として扱ってきたのである。このような生命の粗雑な扱い方に、遺伝子組み換え、ゲノム編集などの遺伝子操作の基本的な問題点が潜んでいるといえる。

ゲノム編集は、特定の遺伝子を標的にして壊す技術である。ここで最も基本的な問題点にぶつかる。壊してよい遺伝子などあるはずがない。もちろん完璧な遺伝子を持った人間もいないし、そんな生物などない。直接は両親から受け継がれたとしても、長い生物の歴史の積み重ねの上に存在しているものであり、それは与えられたものであり、「天からの授けもの」なのである。例えば、その壊れた遺伝子が、たまたま何も表面に表れないことがあると思うと、障害や病気になって表れるケースがあるだけの違いにすぎない。しかし、人為的に壊せば、それは意図的に障害や病気をもたらし、時には命にかかわる影響をもたらしかねないのである。

また遺伝子を壊した個所に新たな遺伝子を挿入することも可能になった。まだ先の話ではあるが、けっして不可能な話ではない。その場合、既存の遺伝子を働かなくさせたうえで、別の遺伝子を持ってきて入れ替えることが可能になる。あるいは壊れていた遺伝子の個所に新しい遺伝子を挿入して、働くようにさせることも可能になる。このように遺伝的な変更が可能になったのである。これが人間に応用されれば、人間の遺伝的改造という、大きな問題をもたらすことになる。

► クリスパー・キャス9の登場で容易な操作に

ゲノム編集による植物や動物の研究や開発は、1990年代に始まっている。しかし、大変に手間がかかるため、なかなか広がらなかった。2012年に「CRISPR-Cas9（クリスパー・キャス9）」と呼ばれる仕組みが登場してから、操作が極めて簡単になり急速に世界中に広がり、応用が進んできた。

このクリスパー・キャス9は、壊したい遺伝子に誘導するガイドRNAと、遺伝子を壊す制限酵素の組み合わせである。ガイドRNAが壊したい遺伝子へ制限酵素を導き、その制限酵素がDNAを切断して遺伝子を壊すのである。この仕組みを利用すると簡単に遺伝子を壊せることから、いまや遺伝子操作の主流になりつつある。このように遺伝子を壊すことを「ノックアウト」という。

さらにゲノム編集では、遺伝子を壊したところに新たに遺伝子を挿入することができる。このように新しい遺伝子を挿入することを「ノックイン」という。そうなると正確な遺伝子組み換えができる。これまでの遺伝子組み換えでは、挿入した遺伝子はどこに入るか分からなかった。また、遺伝子を止めるわけではないので、新たな遺伝子が加わるだけだった。しかし、ゲノム編集では、遺伝子を壊したところに新たな遺伝子を挿入することができることから、正確な遺伝子組み換えができる。将来的には、例えば、ネズミの皮膚をつくる遺伝子を壊し、人間の皮膚をつくる遺伝子を挿入すれば、人間の皮膚を盛ったネズミを誕生させることができる。このようにゲノム全体を自由自在に変更させることができるということで、「ゲノム編集」という名が付けられた。遺伝子組み換えと比べると、けた違いに生命操作が緻密化することを意味する。

► オフターゲットは必ず起きる

ゲノム編集で最初から問題になってきたのが、目的外の遺伝子を壊す「オフターゲット」が必ず起きることである。目的とする遺伝子を壊しても問題であるのに加えて、もし目的以外の遺伝子を壊すとなると、生命体に対する破壊行為といっても差し支えないだろう。それが重要な遺伝子を壊せば、その生命体にとって大きな影響が出る。それはめぐりめぐって生態系や生物多様性に大きな影響をもたらしかねない。

そのオフターゲットの問題を最初に指摘したのが、米国コロンビア大学の研究チームで、その論文が『ネイチャー・メソッド』誌 2017 年 6 月 14 日号に掲載された。しかし、この論文が発表されるや、この技術を推進する研究者などから、研究者や雑誌社へ集中攻撃が行われ、論文が取り下げられる事態になった。最近、このコロンビア大学のようなケースで、生命操作で問題点を指摘する論文が発表されると、直接その科学者だけでなく、論文掲載の雑誌社への攻撃が行われるケースが多くなった。

コロンビア大学の場合は、攻撃を受け取り下げとなったものの、その後、このオフターゲットを指摘する論文は、次々に登場していくのである。そのひとつがウェルカム・サンガー研究所の研究者たちが行った実験である。この実験はCRISPR-Cas9が従来考えられているより遺伝子に大規模で複雑なダメージを引き起こすことを明らかにしたもので、『ネイチャー・バイオテクノロジー』誌2018年7月16日号に掲載された。

さらには、『サイエンス』2019年2月28日付オンライン版にゲノム編集がオフターゲットをもたらすことを示した2つの論文が掲載された。この2つの研究は、いずれもゲノム編集技術が予想以上に意図しない突然変異を誘発していることを示したものである。ひとつは中国神経科学研究所のE.ツオらがマウスを用いて行った実験で、もうひとつはマサチューセッツ大学ボストン校のS.ジンらが稲を用いて行った実験である。前者の実験では、ゲノム編集を行っていないケースの約20倍の突然変異が起きていることが分かったというもの。

► 切断個所に起きる大きな変化

切断個所に変化が起きやすいことも分かってきた。ゲノム編集は、DNAを切断して遺伝子を壊す技術であり、その壊す目的の場所への案内役である「ガイドRNA」と、DNAを切断するハサミの役割をする「制限酵素」の組み合わせである。そのため切断するだけで、修復は自然任せである。遺伝子組み換えの場合は、修復酵素が使われているが、ゲノム編集では使われていない。そのため修復の際に問題を起こす可能性が高い。それを指摘した論文が相次いで発表されている。ひとりは英国の分子生物学者マイケル・アントニオで、切断して自然に修復される際に、DNAの大規模な欠失や再編成が起きているという指摘である。もし、さまざまな個所で知らないうちに切断が起きていると、このような欠失や再編成がさまざまな個所で起きていることを意味する。

もうひとつの論文が、ゲノム編集技術でDNAを切断して遺伝子を壊したはずであるのに、その損傷を起こした遺伝子が不完全な形で働き、蛋白質をつくり出しているケースが多いことを指摘したものである。壊れる前にその遺伝子がつくり出す蛋白質ではなく、不完全な新たな蛋白質がつくられることになる。この研究を行ったのはドイツ・ハイデルベルクにある欧州分子生物学研究所のアルネ・H. シュミッツなどの研究チームである。同様な現象が起きることを、テキサス大学のルビナ・トゥラドゥハルらの研究チームも見つけている。このことはゲノム編集が、正確に DNA を切断して遺伝子を壊しているのではないことを示している。

► ゲノム編集で発がん性が示される

ゲノム編集技術で CRISPR-Cas9 を用いると、がん抑制遺伝子の活性を阻害することも明らかになった。がん抑制遺伝子は細胞のがん化を防いでくれる重要な遺伝子である。それが機能を抑えられれば、がんが起きやすくなるのである。このゲノム編集とがん抑制遺伝子の働きを抑える関係については、スウェーデン・カロリンスカ研究所のジュシ・タイパレら、米国ノバルティス社のアジャメテ・カイカスらが、『ネイチャー・メディスン』2018 年 6 月 11 日付オンライン版で、それぞれ別個の論文として発表した。両者はそれぞれ異なる人間の細胞を使用して、同じ現象を確認している。これらの研究チームは、編集効率の悪い CRISPR-Cas9 の効率を向上させるための研究を進めていた時に見つけ出した現象だった。がん抑制遺伝子の働きを抑えることで、ゲノム編集効率の向上は可能だという、実に皮肉な結果になったのである。

遺伝子を人為的に操作すると、それだけで問題を引き起こす。それが生命である。

遺伝子ドライブ技術・合成生物学・RNA干渉法

種の絶滅をもたらす遺伝子ドライブ

ゲノム編集技術の応用も広がっている。いま大きな論争を呼んでいるのが、遺伝子ドライブ技術である。ゲノム編集技術で遺伝子を壊す仕組みを、世代を超えて確実に受け継がせる技術である。ゲノム編集で導入したCRISPR-Cas9遺伝子そのものは、子の代では、受け継がれるケースがあれば、受け継がれないケースもある。もちろん、両親とも遺伝子を持っていれば確実に受け継がれるが、片方の親が持つだけでは、子に受け継がれる確率は２分の１になる。

それを２分の１ではなく、意図的にすべての子孫に確実に受け継がれるようにするのが、遺伝子ドライブ技術である。CRISPR-Cas9遺伝子そのものを、世代を超えてすべての子孫に受け継がせていくと、後代にまでずっと遺伝子が壊され続けることになる。この遺伝子ドライブ技術は、すでに実用段階に達している。この技術が広がると、とんでもないことが起きるとして、科学者の間でもモラトリアムを求める声が広がっている。

例えば、蚊の遺伝子にCRISPR-Cas9遺伝子を組み込んだとする。そのCRISPR-Cas9は雌になる遺伝子を破壊するように改造したものだとする。遺伝子ドライブ技術を用いると、この遺伝子は確実に子孫に受け継がれ、蚊は雄だけをつくり続けるようになる。この交雑が繰り返されると、たった数百匹を放つだけで、次から次に野生の蚊と交雑を起こした際に雄だけができるため、やがて雄しかいなくなり交雑がなくなり、その蚊は絶滅する（図５参照）。

遺伝子ドライブ技術の最大のポイントが、「対立遺伝子を変える」点に

図５　蚊を減らす方法（4 世代でのシミュレーション）

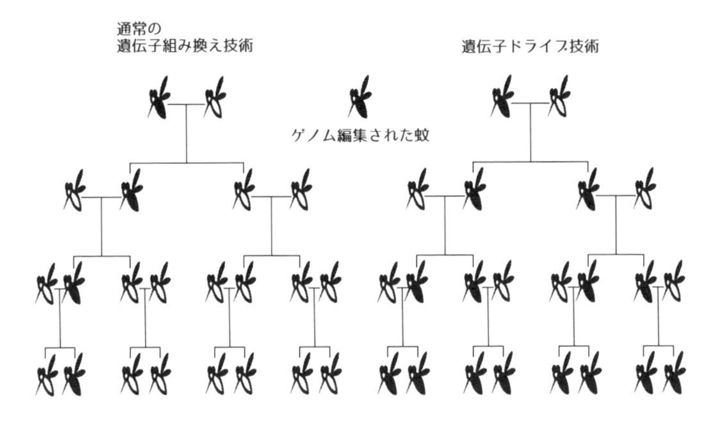

ある。対立遺伝子とは、何だろうか。人間で見てみると、子どもは母親と父親の２人から染色体を受け継ぐため、２組の染色体を必ず持つ。それぞれの染色体には同じ位置に同じ機能を持った遺伝子がある。その遺伝子の組み合わせのことである。

先ほどの蚊のケースで考えてみよう（図5）。目的は野生の蚊を減らすことにある。遺伝子ドライブではない、ゲノム編集遺伝子を持った蚊を放出し、野生の蚊と交雑を起こした場合はどうなるか。ゲノム編集した蚊と通常の野生の蚊の交雑であるので、ゲノム編集の仕組みが受け継がれるのは２分の１である。すると、交雑を繰り返すうちに、受け継がれる割合は相対的に減少していく。それに対して遺伝子ドライブ技術を用いると、そのゲノム編集遺伝子が、その遺伝子を持たないもう一方の染色体にゲノム編集遺伝子がコピーされ入り込むようにしてある。そうすると、両方の染色体にゲノム編集遺伝子を持つことになり、受け継がれる。さらにその次の世代でも、また同じことが起きることになる。交雑した蚊から生まれた子孫のすべてが、世代を超えて、ゲノム編集の遺伝子が受け継がれていくことになる。

このようにゲノム編集遺伝子が、その遺伝子を持たない相方の染色体にコピーされ入り込むのである。こうしてゲノム編集遺伝子は、確実に受け継がれ、次の世代、さらに次の世代でもDNAを切断し続け、雄の子どもしか生まれなくなり、絶滅するのである。

これまでにも不妊の蚊を大量に放ち、蚊を絶滅に追い込もうとしてきた。この場合、数百万、数千万もの不妊の蚊を放たないと、簡単には減少することはなかった。というのは、生まれる子の蚊は、半分が不妊でないため、交雑を起こすたびに不妊の蚊の割合が相対的に減っていくからである。それに対して、ゲノム編集技術を用いると、わずかな数の放出でも、ほっておいても雄にどんどん置き換わるため、簡単に種全体に影響を与えることができる。

このようにある生物種を絶滅させたいと思った場合、遺伝子ドライブ技術をもちいれば、それが可能になる。ただし、この技術が使えるのは、有性生殖の生物に限られるため、細菌やウイルスには使えない。また、人間や象など世代交代がゆっくりの生物の場合は、あまり有効には働かない。それでも、その応用の範囲は広い。とくにターゲットになっているのが、マラリアやデング熱などの病気を媒介にする蚊や、ネズミなどのげっ歯類である。

科学者による重大な懸念

遺伝子ドライブ技術は、それが応用されると、生物多様性に甚大な影響をもたらすとして、自然保護団体が重大な懸念を表明した。2016年8月下旬にハワイ・オアフ島で開催された世界自然保護会議で、遺伝子ドライブ技術の停止が決議された。同会議ではジェーン・グードル（DBE)、デビッド・スズキ（遺伝学者)、フリチョフ・カペラ（遺伝学者)、アンジェリカ・ヒルベック（昆虫学者)、ネル・ニューマン（生物学者)、ヴァンダナ・シヴァ（環境科学者）など多くの科学者からメッセージが寄せられ、8月26日にその公開書簡が公開された。そこでは「この技術は基本的に種の絶滅を目指す技術である」として、強く批判している。

さらにメキシコのカンクンで同年12月4日から17日まで開催された、生物多様性条約第13回締約国会議（COP13）で、世界中の6大陸160もの環境保護団体、消費者団体、科学者グループなどが声明を発表し、遺伝子ドライブ技術の中止を求めた。この声明では、遺伝子ドライブ技術は国家主権、平和、食糧安全保障を脅かし、さらに生物多様性へ不可逆的で重大な脅威を与えるとして、各国政府に対して、この技術の開発と自然界への放出の中止を求めた。

遺伝子ドライブが軍事利用されることへの重大な懸念が示されている。ゲノム編集技術で毒素を増幅するようにした蚊を、遺伝子ドライブで世代を超えて受け継ぐようにさせて放出すると、わずかな数を放出させただけでも、次々に毒素を増幅させた蚊がつくられ続け、人々を襲うことができる。

『MIT テクノロジー・レヴュー』誌（2016年2月9日）は、遺伝子ドライブ技術が大量破壊兵器に応用される可能性がある、と指摘した。同誌は、米国政府中央情報局、国家安全保障局、その他6つのスパイや情報収集機関の内部情報のなかで公開されたものを集めた年次報告を紹介したが、そのなかで指摘している。なぜ遺伝子ドライブ技術が問題かというと、とくに「CRISPR-Cas9」は科学研究に革命をもたらすうえに、低コストで操作も簡単で、広がりやすいからであると結論づけている。実に危険な技術が開発されたものである。

合成生物学

ゲノム編集が応用される、新しい分野に合成生物学がある。この合成生物学とは、一言でいうと、「生物を合成することで生命を解明する学問」ということができる。これまで生命の解明は、いまある現実の生物を、より小さな構成要素に分解して分析していく方法で進められてきた。例えば、人だと、全身から始まり、組織や臓器、細胞、DNA（遺伝子）という方向で進み、より小さい部分に生命の本質があると考えられてきた。そして遺伝子（DNA）に行き着いた。その人間の遺伝子をすべて解析しようというヒトゲノム解析が行われ、遺伝子が蛋白質をつくる仕組みが解析され、その構成要素間のつながりが大切であることが明らかになってきた。しかし、生命そのものの解明には、まだ到底及ばなかった。

そのため従来の生物学が行ってきた、より小さなところへ向かう学問ではなく、より細かくなった要素を組み立てていく建築的方法をとおして生命を解明していこうという考え方が強まってきた。それが合成生物学の始まりである。そのため合成生物学は、学問分野であるが、同時に具体的に生物を合成する方法でもある。その人工的に生物を合成的につくり出す手段が、いくつも登場してきたことが大きかった。ゲノム編集やiPS細胞の登場がそれに当たる。

2010年5月21日、J.クレイグ・ベンター研究所が人工的な生命体を作成したというニュースが世界を駆けめぐった。これまで生命体は、自然に存在するものであり、人間がつくり出せるものではなかった。人工合成した生命体は細菌の近縁種という小さな生命体ではあり、まだ端緒に過ぎないとはいえ、「神ではなく、人間が初めて誕生させた生命体」である。

クレイグ・ベンター研究所では、マイコプラズマという細菌の近縁種を2種類用いた。「マイコプラズマ・ジェニタリウム」と「マイコプラズマ・カプリコルム」である（以降、「ジェニタリウム」「カプリコルム」と略す）。この2種類を用い、3つの段階を経て人工生命を誕生させた。

第一段階は、2007年6月にこれら2種類の細菌のゲノム（遺伝情報）をそっくり入れ替えた。すなわち「ジェニタリウム」「カプリコルム」のゲノムを入れ替え、「他の生物」のゲノムをもつ生物を誕生させた。第二段階は「ジェニタリウム」のゲノムをすべて人工合成した。これを発表したのが2008年1月のことである。第三番目の段階が、そのジェニタリウムの合成DNAを、カプリコルムに導入して働くことを確認した。それが2010年5月21日の発表だった（図6参照）。

図6　合成生物学による生命づくり

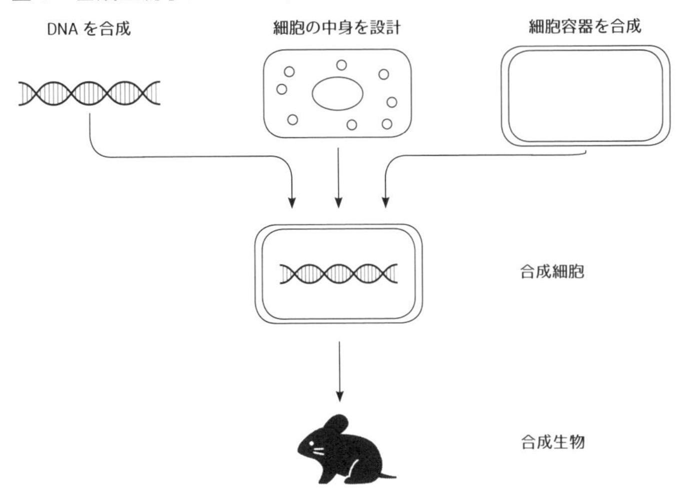

合成したDNAを導入したといっても、まだ自然界にあるモノをコピーしたにすぎない。そのため同研究所としては、ゲノムに変更を与え、それをカプリコルムに導入することを目指している。最初はごく一部の変更かもしれないが、最終的には自由自在な変更を考えている。もし人間がパソコンで自在にDNAを合成して、その遺伝子で働く生命体を誕生させることができるようになると、いままで自然の仕組みのなかで存在していた生命が激変する可能性がある。

RNA干渉法

ゲノム編集とはまったく異なる、遺伝子の働きを妨げる方法が開発された。RNA干渉法（RNAi）と呼ばれている方法である。遺伝子の働きの流れは、まずDNAにある遺伝情報がmRNA（メッセンジャーRNA）に写される。このmRNAは一本鎖である。そのRNAに転写された情報がtRNA（トランスファーRNA）の助けを借りて、アミノ酸をつないでいく。そのアミノ酸がつながったものが蛋白質である。この一連の流れによって、生命現象が営まれている。このような流れをDNAセントラルドグマという。

ゲノム編集は、DNAを切断して遺伝子を壊している。それに対してRNA干渉では、mRNAに干渉して遺伝子の働きを妨げているのである。働きを止めたい遺伝子（DNA）があったとする。その遺伝子がつくり出すmRNAにぴたっと重なるRNAをつくり出し細胞に取り込ませ、働かせないようにするのである。導入したRNAとmRNAがぴたっとくっつくと、mRNAが分解されて、遺伝子が働かないようになるのである。

そのため、まず働きを止めたい遺伝子（DNA）がもたらすmRNAとぴたっとくっつく構造をもたらすdsRNA（二本鎖RNA）をつくる。その人工的につくったdsRNAが細胞の中に入ると、短い一本鎖のRNA（siRNA）になり、それがmRNAとぴたっとくっつく。くっつくと、mRNAは働きを奪われ分解してしまい、結果的に遺伝子の働きが止められてしまう。この方法を応用すると、容易に遺伝子の働きを止めることができるのである（図7参照）。

このRNA干渉技術の応用としてすでに、dsRNAをスプレーで散布して植物に取り込ませ植物を枯らしたり、害虫の体内に取り込ませて害虫を

図7　RNAi（RNA干渉法）の方法

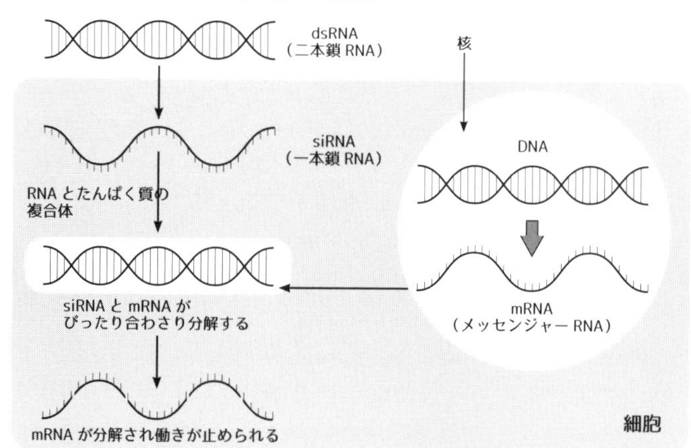

殺す仕組みも開発されている。農薬として利用しようというのである。植物に取り込ませる場合、シリコン界面活性剤を添加して直接気孔から取り込ませる方法のようである。

この農薬のように散布して、害虫の遺伝子に作用し、成長を遅らせたり、殺したりする場合、標的の害虫のみならず、益虫、人間を含めたその他の動物の遺伝子まで止めて、害を及ぼすのではないか、という懸念が強い。

米国の科学者で、バイオサイエンス研究計画のジョナサン・R. レイサムは、RNA は DNA に比べてはるかに複雑なシステムをもち、いまだにそれを理解する手段を持ち合わせていないと述べ、その応用の拡大に警告を発している。この指摘は重要である。これまで遺伝子の働きは、DNA を中心に見てこられた。しかし、DNA だけ見ると、人間も線虫などもその構造に大きな違いは少なく、わずかな違いしか見られない。しかし、人間の遺伝子の仕組みは大変複雑である。その遺伝子の複雑さ、生命活動の複雑さ、奥行きの深さをもたらしているのは、実は RNA であることが、最近よく分かってきたのである。しかし、RNA に関する研究は、あまり行われてこなかったのである。ノルウェーのバイオセーフティ遺伝子技術センターの科学者サラーフ・アガピトは、二本鎖 RNA（dsRNA）の拡散は、生物に劣化などの問題を引き起こすと、警告を発している。ゲノム編集技術がもたらす影響は、このように科学や技術の世界も変えつつある。

RNA干渉ジャガイモ

ゲノム編集の応用が始まった際に何が起きるのだろうか。その点については、ほとんど分かっていない。そのような取り組みが行われてこなかったからである。最大の問題は、環境への影響評価が行われてこなかったことに加えて、食品の安全性評価も行われてこなかったことにある。遺伝子を壊すと何が起きるのか、評価したものは見当たらない。そのなかで、唯一、RNA 干渉法を用いて遺伝子の働きを妨げた方法で開発したジャガイモで問題点が明らかになっているが、それが最も近い形で示すことができる問題点だといえそうである。

そのジャガイモとは、J.R. シンプロット社が開発し、すでに米国ではファーストフード店などで出回っているRNA干渉法で開発したジャガイモである。このジャガイモは、日本でも食品安全委員会が安全と評価し、厚労省が食品として流通を承認しているため、すでに輸入されている可能性がある。このジャガイモの場合、2つの遺伝子の働きを妨げて改造している。ひとつは、加熱した際に生じる発がん物質アクリルアミドを低減している。もうひとつは、ジャガイモがぶつかると打ちみが黒ずむが、その黒ずむのを低減させている。

アクリルアミドは米国では大変問題になっている発がん物質である。ジャガイモを油で揚げると生じやすい物質で、カリフォルニア州では、基準以上に検出されると「警告表示」を行うことが求められている。そのため日本から輸出されているカルビーや湖池屋のポテトチップなどには軒並み「発がん物質がある」という警告表示がつけられている。もちろん日本ではそのような表示を見ることはない。シンプロット社は「このジャガイモは発がん物質がつくられない、ぶつかっても黒ずまないため、きれいなままのジャガイモです」といって宣伝して販売している。

しかし、このジャガイモには多くの問題があることを指摘したのが、元モンサント社の技術者で、このジャガイモの開発者であるカイアス・ロメンスである。彼は、著書の中で以下のことを指摘した。ひとつは、アクリルアミドを低減するためにアスパラギンの生成にかかわる遺伝子の働きを妨害しているが、このことについて米国政府EPA（環境保護庁）の科学者会議は次のように指摘している。「アスパラギン遺伝子は病原体に対する防除において重要であり、このジャガイモは病原菌からの防除能力が弱まる可能性があるが、この点について検証されていない」と。

打ちみ黒ずみ低減に関しては、ポリフェノール・オキシターゼ遺伝子の一つの働きを妨害している。その結果、通常のジャガイモでは存在しない毒素が生じていることが分かった。1つは、このジャガイモを調理や加工すると、糖尿病やアルツハイマー、がんなどを引き起こす物質がつくられる。2つは、吐き気や嘔吐など神経に悪影響を引き起こすアルカロイドも増加している。3つは、傷がつくのに黒ずまなくなるため、消費者は通常だと切除するのに、そのまま傷の部分を知らずに食べてしまう。その傷の部分にある毒素が切除されず口にすることになる。損傷したジャガイモの組織には血管収縮作用があるチラミンが蓄積している、という指摘である。

このように遺伝子の働きを止めると、さまざまな影響が出ることが分かる。ゲノム編集技術で遺伝子を壊した際にも、同様の問題が起きることが予想される。ちなみに、この告発を行った開発者のカイアス・ロメンスは、現在、行方が分からなくなっており、彼が書いた本も絶版になり手に取ることができなくなっている。

彼の行方不明そのものが、ゲノム編集やRNA干渉法、遺伝子組み換えなどの技術の問題点を伝えているように思える。

第11章 ビッグデータ時代のゲノム情報

► AIが家族より先に妊娠を知る

ゲノム編集に先行してゲノム解析が先行して進められてきた。すでに多くの遺伝子が解析されており、このまま行くとどのように利用が進むのだろうか。さらに、そこにゲノム編集技術が加わっている。いま社会が実際に進んでいる方向と重ね合わせてみると、ゲノム管理と、それに伴う差別、そして優生学的価値観が支配する社会という、大きな問題が浮かび上がってくる。

AI（人工知能）や5Gといった、ハイテク社会が進行している。それを背景にビッグデータ利用が進んでいる。巨大なデータ量が集積すると、さまざまなことが分析可能となる。その結果、これまで考えてもみなかったことが明らかになってきた。その代表例としてよく取り上げられるのが、商品購入行動である。いまやスーパー、コンビニなどの小売りはどこも、ビッグデータを販売戦略に用いている。クレジットカードやポイントカードの一般化とAIを用いた分析方法の進化がそれを可能にした。

この分析技術を駆使して売り上げを伸ばしてきた企業に、全米第5位の小売り大手ターゲット社がある。

ターゲット社が営業戦略で注目したのが、出産の予測である。というのは消費者の購買行動は、日頃ほとんど変化しない。大きく変わるのは引っ越しと出産のときくらいである。引っ越しは日時も、どこに引っ越すかも予測が難しいのが現実である。そのため同社は出産に力を入れてきた。

しかし、どの小売りも、出産の予測には力を入れており、出生記録にもとづいてクーポンを送付して来店を誘う。そのため出産する側からすると、大量のクーポンが一時に送られてくることになる。他社に先んじるためには出産を事前に予測できれば、ということでターゲット社は自社の独自のデータ分析で、出産を予測できないか考えた。その結果、25種類の商品のカテゴリーの購入パターンを分析することで予測可能になったのである。最終的には出産日まで推定できるようになった。

そして、ある女性が妊娠していることを見つけ出した。早速クーポンを送付したのだが、その女性はまだ高校生だった。ベビー服やベビー・ベッドのクーポンを送られてきたことで、父親は烈火のごとく怒り、ターゲット社に抗議した。同社の人間は平謝りに謝り、事なきを得た。後日、同社の人間が謝罪のため再び父親を訪ねたところ、父親の態度が変化しており、「実際に娘が妊娠している」と告げられたのである。データ分析のほうが、家族よりも早く娘の妊娠を知った。AIによる分析は日々進化している。妊娠だけでなく、さまざまなプライバシーが、家族よりも、時には当人よりも早く知っていることがありえる時代になった。

遺伝子商売

このようなデータ解析が医療や健康の分野にも広がり、すでにさまざまな商売を誘発している。とくにこの分野で関心が集まっているのが遺伝情報であり、ゲノムとの関連での商売である。すでに商業化を先行して始めたのがDHCやDeNA、ヤフーなどで、消費者の口の中の細胞をこすり取らせ、それを送付させ、それを用いて遺伝子を分析している。そして「あなたは肥満になります」「あなたは将来このような病気になります」といった未来予測を行い、「そうならないために、このような医薬品やサプリメントが必要です」と、分析結果とともに商品の宣伝が送られてくる。そういわれれば、買うように追い込まれてしまう。そのようなプロファイリング（未来予測）といわれるものが、すでに進行している。そこでは、細胞を送ったら、見知らぬ企業から案内が届くようになるといった事態も想定されている。

KDDIもまたスマホで申し込める血液検査を始めた。自宅に届く検査キットに血液を一、二滴採取して送ると、健康診査の検査結果をネット上で見られる仕組みをつくり出したものである。検査を売り物にして集められる生体のデータこそが、医療や健康産業などにとって垂涎（すいぜん）の情報なのである。この商売は、ヒトゲノムの情報が詳しくなればなるほど幅が広がる。

この事態がさらに進行していくと、ゲノム情報にもとづいて、遺伝的富裕者、遺伝的貧者が分かれてくる可能性がある。貧者のレッテルが張られ、一生差別される事態も現実化する。いまの若者に広がっている現象が、「ヴァーチャル・スラム」と呼ばれる、悲劇である。例えばある青年が就職しようとして、不採用になったとする。その拒否された情報が流れ、理由が分からないまま次々と拒否されていく。青年は希望を失い、同じような就職を拒否された仲間とつながる。その仲間づきあいの情報が流れ、さらに排除が進み、いっそう希望を失う。その時の精神状態をネット上で相談すると、追い打ちをかけるように「うつ」と診断され、さらに希望を失う。このような負のスパイラルに陥るケースである。

広がる遺伝子差別

人間の遺伝子を解析することを、ヒトゲノム解析という。病気の遺伝子や有用な遺伝子を見つけ出し、その遺伝子を用いて医薬品を開発し、医療に応用し、さらには産業界全体に応用していこうというのである。そのヒトゲノム解析では、遺伝子を見つける競争が激化した。いち早く病気の遺伝子を見つけ出し、特許として権利を確保する競争が激化している。探す対象は、がんなどの成人病の遺伝子に集中している。とりあえず遺伝子診断への応用が可能であり、画期的な医薬品開発に結びつく可能性をもっており、経済効果が大きいからである。

しかし、この遺伝子探しは家系調査をもたらし、遺伝子差別という問題を引き起こしていくのである。マイケル・ウォルドホルツ著『がん遺伝子を追う』（大平裕司訳 朝日新聞社）は、がん遺伝子を見つけ出す競争に明け暮れる科学者と、遺伝子診断が「がん家系」の人たちを襲う悲劇を描いている。例えば、乳がんの遺伝子をめぐって二人の科学者が激しい暗闘を繰り広げる。ライバルに打ち勝つための武器は、がんの家系データをどれだけ集めるかにあった。一方の科学者は、大量に集めたモルモン教徒の家系データを武器に解析を進めていった。

この科学者の闘いにベンチャー企業が加わり、先陣争いにいっそう拍車がかかる。このように、がん遺伝子が見つかれば、がんの早期発見につながる反面、遺伝子を見つけるために、がん家系の人たちの調査や、細胞の奪い合いが起きる。珍しいがん細胞になればなるほど研究者にとっては垂涎の対象になる。このような形で、市民のプライバシーが侵害され、就職差別や保険加入での差別が顕在化している。

米国ではこのことが、深刻な問題を投げかけてきた。例えば、東欧系ユダヤ人に多い病気に「テイ・ザックス病」がある。黒人に多い病気に「鎌状赤血球貧血症」がある。そのため、東欧系ユダヤ人や黒人には、就職時や保険加入時での遺伝子診断が求められる差別が起きていた。病気の遺伝子が見つかれば見つかるほど、この範囲は広がっていくことになる。

このような差別だけではなく、遺伝子診断で病気が生前あるいは発病前に分かることから、中絶の多発や病気の告知の問題も生じている。とくにハンチントン病のような致死性の遺伝病の場合、それが事前に分かると、死刑の宣告に類似した状態をつくり出すことから、倫理的に大きな問題となった。保険加入の際、父親か母親のどちらかがハンチントン病の場合、遺伝子診断が求められる。当人が発病する可能性は２分の１である。もし発病することが分かると、近い将来、悲惨な最期を遂げることになる自分の未来が見えてしまうのである。

遺伝子診断が広がると、さらに作物でいう品種の改良が人類に適用される危険性をはらんでくる。すなわち優生学の台頭にどう対応するかが問われてくる。このような深刻な問題を投げかけながら、企業や研究者は特許権確保を目的に、遺伝子探しが進められてきたのである。

►インフォームド・コンセントの中身

日本政府が「国家バイオテクノロジー戦略」を打ち上げたのは、1999年1月29日のことだった。農水省、通産省、文部省、厚生省、科学技術庁の5省庁が共同で「バイオテクノロジー産業の創造に向けた基本方針」を発表した。バイオ産業こそ21世紀の中心的な産業になると考えて、強力な梃入れを行うための総合戦略である。これにより遺伝子特許戦略が加速することになる。

知的所有権（あるいは知的財産権）自体を戦略とする、政府の方針も確認されていった。2002年2月25日に知的財産戦略会議がつくられた。同年7月3日には、同会議によって「知的財産戦略大綱」がつくられ発表され、2003年3月1日には「知的財産基本法」が施行され、同日に内閣に「知的財産戦略本部」が設置された。この一連の基本戦略にもとづいて、国を挙げてヒトゲノム解析と遺伝子特許取得に向かった動きが活発になったのである。

最初に行われた大規模な遺伝子収集計画が、30万人遺伝子バンク計画である。東京大学医科学研究所が拠点になり、30万人もの血液を集めその遺伝情報を読み取り、病気や健康にかかわる遺伝子を探り当て、医療に応用していこうという国家プロジェクトである。この計画は2003年にスタートした。

数多くの病気が遺伝子に起因することが分かってきた。遺伝子は遺伝を通して解析されてきた。そのため病気の遺伝子を突き止めたり、どのように発病するのかを見るためには、その個人だけでなく、家族や家系の調査が不可欠である。家族や家系にかかわる情報も含めて、多数の個人情報を提供させる必要がある。

30万人遺伝子バンク計画は、「個人の遺伝情報に応じた医療の実現プロジェクト」と呼ばれ、特定の個人や家族に血液を提供させ、それを解析して、その個人に応じた医療を確立するために取り組まれた。問題は、血液が個人情報の宝庫である点にある。その血液を提供させるため、ルールとしてインフォームド・コンセント（説明と同意）の形式がまとめられた。この計画での血液提供者は、生活習慣病など特定の患者である。その際、患者に詳しく説明するのが前提のはずだが、それが実に簡単なものだった。さらに問題なのが、その際につけられる条件で提供者に次の３つのことを求めている。

1. 無償での提供
2. 遺伝子解析などで生じた特許などで得られた経済的利益の放棄
3. 血液を長期間管理し、将来の研究にも使用する資源とする

研究者にとって都合がよい、血液提供者の同意を得る手段になっている。しかも、この方法がその後のゲノム関連の研究で一般化していくのである。

100万人ゲノムコホート研究が始まる

30万人遺伝子バンク計画を引き継ぎ始められたのが、ゲノムコホート研究である。ここでいうゲノムは遺伝情報、コホートとは大規模を意味し、病気や健康に関する遺伝子の大規模な調査のことである。30万人遺伝子バンク計画を上回り、産官学連携で「100万人ゲノムコホート研究」が進みはじめるのである。この研究は、100万人から血液などを採取し、同時に病気や健康に関する情報や家系の情報を得て、病気や肥満などの健康にかかわる遺伝子を探すことで、新たな薬品や治療法、健康食品などの開発につなげ、経済効果と結びつけようとするものである。これが次の段階でビッグデータと結びつき、精密な未来予測（プロファイリング）を可能にする計画へと発展しつつある。

このゲノムコホート研究は、東北大学と岩手医大による「東北メディカル・メガバンク」が先行して進行した。このメガバンクは、宮城県と岩手県の被災者を対象にしたもので、宮城県は東北大学、岩手県は岩手医大が担い、20歳以上の地域住民８万人と、３世代７万人を対象に生体試料を採

取して、病気や健康に関する遺伝子を探し、遺伝子のビジネス化を進めるというもの。この研究には、全額、震災復興の予算があてられてきたのである。まったく震災復興とは関係ないにもかかわらず。

その他にも以前から多くの大学などの研究機関が、この分野に乗り出していた。すでに取り組みを始めていた研究機関は次のとおりである。国立がん研究センター（2011年から）、バイオバンク・ジャパン（2003年から）、九州大学（1961年から）、山形大学（2010年から）、京都大学（2007年から）、多施設共同コホート研究（J-MICC研究 2006年から）である。九州大学は福岡県久山町でいち早く取り組みを始めていた。山形大学は山形県内で、京都大学は滋賀県長浜市で生体試料の収集と解析を行ってきた。東北メディカル・メガバンクは、これらのものとは比較にならない規模・内容で取り組みが始まったものである。今後、国全体の産官学で取り組む100万人ゲノムコホート研究が本格化していくことになる。

ゲノム情報とマイナンバーが連結する

このゲノムコホート研究は、マイナンバー制度とつながることが想定されている。それにビッグデータが加わると、どのようなことが可能になるのだろうか。ビッグデータでは、さまざまな人の病歴・妊娠や出産歴・食生活・喫煙や飲酒・IQや学校の成績・家系や遺伝情報・身体測定・犯罪や非行経験・病気などのデータが蓄積され、その傾向が分析可能になっている。そこで、ある特定の個人の生体試料がそこに提供され、そのビッグデータを用いて、AIが解析した結果、あなたの未来はこうなります、あるいはこういう病気になりやすいです、と提示することが可能になる。個人個人のきめ細かな予測が提示され、それに加えて、「どうすればよいか」といった治療法や医薬品、サプリメントなどが推奨されていく可能性もある。

ビッグデータの特徴は、日々蓄積していく膨大なデータにもとづき、その傾向が示され、AIが解析し、個人や個々の企業など、一つひとつ、一

図8　ビッグデータの一例

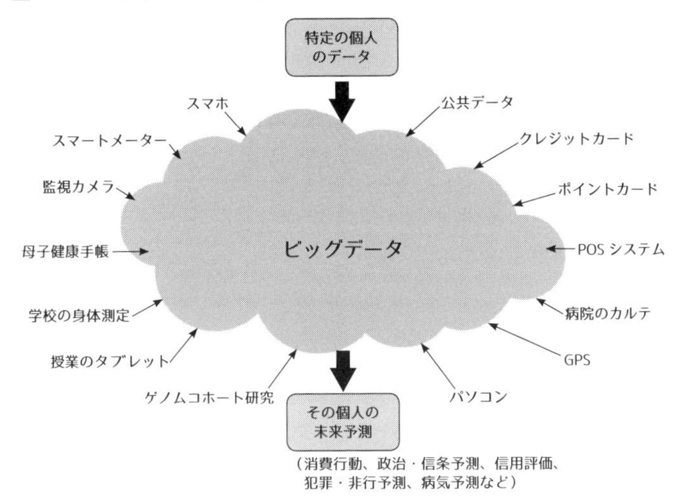

人ひとりへの対応が高い精度できめ細かくできることにある。しかもそれを商売に結び付けていこうという動きが活発である。

現在は、データの入手源は、スマホやスマートメーター、パソコン、公共データ、マイナンバー、クレジットカードやポイントカード、スーパーやコンビニなどのPOSシステム、さらには監視カメラなどから、多様な情報が日々刻々と集積されている（図8参照）。

デザイナー・ベイビーと新たな優生学

この動きは、優生学の復活ともいえる、「理想的な赤ちゃん」を欲しいという、デザイナー・ベイビーにつながることになる。すでに精子、卵子、受精卵の凍結保存が可能となったことから、米国では精子銀行や卵子銀行がつくられ、同じ人間でありながら、白人の精子や卵子に高値がつき、スポーツマンや芸術家、科学者などにさらに高値がつくなど、命の格差が生じ、社会問題化している。

米国のベンチャー企業「23andMe」社が始めた事業では、カップルが子どもをつくると、どのような子どもが生まれるか、確率で提示する。加えて、子どもが欲しい提供者の卵子や精子の遺伝情報を入力する。するとコンピュータが、あらかじめ入力されていたさまざまな精子や卵子の情報と照らし合わせ、望んだ形質の現れる人の精子や卵子を選択するというのである。その選ばれた精子や卵子を用い、体外受精・代理出産を用いれば、望んだ赤ちゃんがいとも簡単に手に入るということになる。望むとおりの赤ちゃんを誕生させるビジネスである。これについては次章で詳しく述べる。

ビッグデータの活用で、将来的にはスポーツ選手に向いている人、芸術家に向いている人など、その選択の幅は拡大していく。あなたは一生涯浮かばれません、という答えが出た場合、一生涯何をやっても評価されなくなるヴァーチャル・スラムに陥るケースもありうる。それとは反対の、ヴァーチャル・エリートを誕生させることにつながっていく。

ゲノム編集技術が登場して、受精卵での遺伝子操作が始まった。すでに述べたように、中国での双子の赤ちゃんの誕生、ロシアでの赤ちゃんづくりに向けた動きなどで、ゲノム編集による遺伝子レベルでの修正が、具体的に可能であることが立証された。これは意図的にデザイナー・ベイビーをつくることを可能にする技術の登場である。この技術に対して多くの科学者から、いったん商業利用が始まると、人の遺伝的改良をもたらすことになりかねないという警告と、デザイナー・ベイビーをもたらし、社会的不平等を拡大し、優生学の社会をもたらすという警告が出されている。AI、5G、そしてビッグデータとゲノム操作の時代になり、新しい優生学の時代が訪れたといえる。

第12章 生命操作の推進役、生命特許・遺伝子特許

経済の知的所有権依存強まる

ゲノム解析に続きゲノム編集でも、特許権争いが過熱化している。日本の企業や大学、研究者も特許取得を争っている。現在、ゲノム編集に関する基本特許は、モンサント社（現在はバイエル社に買収される）やデュポン社（現在はダウ・ケミカル社と経営統合、コルテバ・アグリサイエンス社に）の2社によって握られている。そのため日本での開発競争は、有力な特許を取得することで、それに対抗するのが狙いである。

特許権争いは、ゲノム編集だけではない。バイオテクノロジー全体にかかわる特許権争いが激しさを増している。特許権は、知的所有権の中核に位置しており、その経済的価値が急速に高まり、激しい取得争いが展開されている。

しかも知的所有権をめぐっては、国際的にさらに強化の動きが見られる。それを象徴するのがTPP（環太平洋経済連携協定）交渉のなかでの議論である。この協定はとりあえず米国を除いた11カ国でスタートした。米国との間ではいま、別個FTA（自由貿易協定）交渉が締結された。このTPPにおける大きな争点のひとつが、知的所有権の強化だった。それは米国経済の知的所有権依存が強まったことに起因する。米国経済は、この知的所有権への依存度が大きく、そのような経済を「知的経済」という。

知的所有権の強化の動きは、1995年にWTO（世界貿易機関）が設立され、その前年にはそれに向けてTRIPs（知的所有権に関する）協定が合意され、加速した。特許制度がなぜ貿易で問題になるかというと、属地主義と呼ばれる各国ごとに認可される仕組みがとられているからである。各国ごとに制度が異なるため、それぞれの国に申請して承認されなければいけない。また、各国ごとに制度に差があるため貿易促進の妨げになるということで、国際的な統一化と「国際特許」という考え方が取り入れられるようになった。現在、各国はTRIPs（知的所有権）協定にもとづいて特許制度を再編しており、世界共通化が進んだといえる。

生命特許が成立する

この特許の問題に、大きな影響を投げかけてきたのが遺伝子特許や生命特許である。従来、遺伝子や生命が特許になることはありえなかった。それは、生命が工業製品ではないという、ごく当たり前の考えからきている。特許制度はもともと工業製品の発明品を開発した者の権利を守るために存在してきたのである。それを大きく変えたのが、米国での生命特許の成立だった。1980年6月16日、米国最高裁判所は、ゼネラル・エレクトリック社が開発した重油の分解能力を高めた細菌を特許として認める判決を下した。初めて生命特許が成立した瞬間である。

さらに1985年9月18日、米特許庁が植物にも特許を認める判断を下した。これは「ヒバード事件」と呼ばれており、モレキュラー・ジェネティクス社が開発したトリプトファン含有量を多く含ませたトウモロコシそのものや、その組織培養物が特許として認められた。それまで植物の新品種は、植物新品種保護制度で守られていたが、大変緩やかな保護制度だったため、より強い権利である特許制度での保護を求め、認められたのである。

さらにその後、1988年4月には、初めて動物特許が成立した。ハーバード大学が開発したがんになりやすいように遺伝子を組み換えたマウス、「ハーバード・マウス」が特許になったのである。このマウスは、米デュポン社が資金を提供し、商業化権を得ていたことから、「デュポン・マウス」とも呼ばれている。こうして米国では生命特許が、当たり前になったのだが、しかし、その段階では他の国では、どこにも生命に特許はあてはまらなかった。この生命特許が後押しとなり、米国で特許化の範囲が拡大していくことになる。

遺伝子も特許に

米国政府・多国籍企業が、生命特許に次いでターゲットにしたのが遺伝子特許だった。1991年に米国政府は国家バイオテクノロジー戦略を打ち出す。同年2月に大統領競争力諮問会議が報告書をまとめ、そのなかで遺伝子特許を戦略として掲げたのである。その最大のターゲットが、「ヒトゲノム解析計画」だった。人間の全遺伝子を解読しようという、当時としては途方もない壮大な計画だった。もちろん現在では、容易となっているが。

その年の6月20日、米NIH（国立衛生研究所）のクレイグ・ベンターが初めて遺伝子特許を申請した。これは当時としては無謀な申請だった。まだこの頃は、遺伝子を特許として認めるという考え方はなかった。遺伝子は自然のままに存在するものであり、特許にならないというのが常識だったからである。

その後、クレイグ・ベンターは、セレーラ・ゲノミクス社を設立して、ヒトゲノム解析を猛スピードで行うと宣言、実際それを実行し、世界中を「アッ！」といわせた。2000年6月26日、ホワイトハウスで開かれた「ヒトゲノム解析終了記念の式典」に、クリントン大統領（当時）と並び祝った人物であることは有名な話である。

さらに2010年5月21日、突然、このクレイグ・ベンターが率いる研究所が合成生命を作成したというニュースが世界中を驚かせたことは、すでに述べたところである。クレイグ・ベンターが、最初に遺伝子特許を申請した1991年の時点では、さすがのNIHもこの申請を自主的に取り下げざるをえなかった。まだ機は熟していなかったのである。その後、生命特許が当たり前になるとともに、遺伝子も特許にすべきだという考え方が力を得ていくことになり、そして1998年、ついに米国のベンチャー企業、インサイト・ファーマシューティカルズ社が、遺伝子特許を取得した。これが自然界にある遺伝子を特許にした最初のケースだった。この生命特許は、キナーゼという、人間の代謝に欠かせない酵素の遺伝子の断片を特許と認めたケースである。この場合、遺伝子の読み始め、読み終わりも含めて、遺伝子の働きがはっきり解明されたものではなかった。

これはキナーゼをつくり出すDNAから、cDNAをつくり出し、その断片を集めたものである。DNAに乗っている情報のなかで、働いている部分を遺伝子というが、DNAには働いていない部分が多く、働いている部分は、とびとびにある。DNAの情報が、RNAに転写される際に、その働いていない部分はそぎ落とされる。そのRNAから逆転写してつくり出すDNAがcDNAである。このようにして、キナーゼをつくり出す遺伝子の情報が得られる。そのcDNAの断片を集めたものをESTといい、そのため、EST特許とも呼ばれている。cDNA断片の集積を特許として認められたものなのである。

はたして、このようなものが特許になるのか、とても思えないというのが一般の認識だった。しかし遺伝子特許を認めたい先進国政府や多国籍企業の圧力が強まるなかで、1998年11月に開かれた日米欧三極特許庁長官会議において、特許になることが確認された。こうして遺伝子もまた特許の対象になったのである。こうして、日本もEUもそれまでの姿勢を転換させて、遺伝子特許取得に向けて動き出すのである。日本政府が、米国が先行して進めた国家バイオテクノロジー戦略を真似て打ち出したのは1999年のことだった。日本でもゲノム解析に多額の予算が投じられるようになったのである。さらには特許問題で先進国間に矛盾が生じないように、1999年から主要先進国特許庁長官非公式会議（特許G7）が始まったのである。

しかし、この一連の動きが、結果的に遺伝子特許容認の動きを加速させた。結局、米国の論理が、世界の論理になっただけでなく、その後の動きも、途上国を排除した一部先進国による取り決めで推移していくことになる。

産業化のなかで、生命や遺伝子は、経済的な価値だけが優先される時代に入ってしまったといえる。一度失うと二度と戻ることがない、かけがえのない生命がもつ固有の論理は、経済優先のなかで、消失してしまったといえる。

この生命特許、遺伝子特許が、バイオテクノロジーの研究・開発に弾みをつけた。技術の独占を可能にし、将来の金儲けの手段をもたらしたからである。その結果、さまざまな問題が生じていく。とくに人間の臓器や細胞、遺伝子までもが特許になったことで、企業による人体支配が進んだことがあげられる。

ジョン・ムーア事件起きる

人体特許という考え方を、一般化した事件が、「ジョン・ムーア事件」だった。ジョン・ムーアは、ワシントン州シアトルに住み、アラスカで商売を行っている人物だった。彼は、毛様白血病という極めて珍しいがんにかかっていることを知り、カリフォルニア大学ロサンゼルス校医療センターに入院した。担当の医師は、病気で肥大化した脾臓の切除を勧告した。ムーアも、それに同意し、手術が行われた。その切除された脾臓は、がんとたたかう白血球を増殖する因子を生産する能力に長けていると考えられた。研究者たちは、切除された脾臓を用いて研究を重ね、がんとたたかう力をもたらす因子をつくり出すことに成功したのである。

ムーアは、手術後もシアトルから同大学医療センターに通うことが求められた。後で分かったことだが、その理由の一つが、その因子をつくり出す細胞株を確実にするためだったようだ。ムーアはそのことを知らされなかった。カリフォルニア大学は、1981年1月30日に、この細胞株の特許申請を行い、1984年3月に認められた。この細胞株の価値は、30億ドル以上と見られた。ムーアは、そのことを知り、利益の配分を求めてカリフォルニア州連邦地裁に訴えたのである。しかし敗訴したため、彼は控訴した。

この裁判の判決の内容は複雑だった。研究者がムーアからかってに細胞株を取得したことは、バイオパイラシー（生物学的海賊行為）に当たる。それ自体問題だが、ムーアの所有権を認めれば、細胞株自体に所有権が生じ、売買可能な商品として扱うことが認められてしまう。細胞だけでなく、臓器や組織にもその範囲は及ぶことになり、すなわち人体部品の資源化・商品化におおっぴらに道を開くことになる。

1988年7月、カリフォルニア州控訴裁判所は、下級審の判決を覆したうえで、ムーアに細胞株の共同所有権があるとした。もともとの細胞の所有者が、その権利を売ることも認めた。人体部品商品化に道を開いたのである。しかし同時に、カリフォルニア大学が細胞株を特許にしたことについても問題ないとしたのである。

それでもカリフォルニア大学の研究者にとっては、問題となる判決だと感じた。というのは企業や大学、研究者にとって、提供者が所有権を持つとなると、患者が共同所有者として押し寄せてくる事態が想定されたからである。そのことは研究・開発の大きな支障になると思ったからである。ただちに大学側は控訴した。カリフォルニア州最高裁は控訴審の判決を覆し、ムーアの共同所有権を否定した。この判決に研究者は安堵した。しかし、これによりバイオパイラシーという問題が残った。

この判決によって人体部品の資源化・商品化は否定されたのかというと、そうともいえないのである。これについて弁護士でありジャーナリストのA. キンブレルは次のように述べている。

「この判決には、チャクラバーティ事件において最高裁判決が冒した過ちと問題点を緩和するものは何も含まれていない。ムーア事件において最高裁は確かに、患者が自分の組織を売る権利を否定し、ヒトの細胞や組織を医療産業の現場で単なる商品として取り扱うべきではないと述べている。しかしチャクラバーティ判決に従えば、特許権を保持したものが患者の細胞、組織、遺伝子などの売買と利用に関して、政府お墨つけの独占権を得ることになる。今回の最高裁判決はこの考え方に何も反対していない。むしろムーア判決は、ムーア自身に自分の人体組織の所有権はなく、カリフォルニア大学に所有権があると判断したことでチャクラバーティ判決を補強したことになった」

また A. キンブレルは、多数意見に反対を述べた最高裁判所判事ブロサールの意見を引用している。それによると「多数意見は原告の訴訟理由を否定したが、このことは、人体組織を研究もしくは商業目的に売買することを禁じたことにはならない。また、原告の病因となった細胞が、たまたまもたらした価値を利用して、特定の個人や企業が経済的利益を得ることを禁じたことにもならない。多数意見は、この生物試料が市場でどのように扱われるかということを無視して、単に、細胞の提供者である原告が細胞のもたらす利益を得ることを禁止しただけであり、被告が原告から細胞を不当な方法で入手、保有し、何ら制限を受けることのないことを悪用して大儲けをしたことを追認したのである」(『ヒューマンボディショップ』化学同人より)

この判決がきっかけとなり、人体部品の資源化・商品化が、大手を振って進むことになる。

乳がんの遺伝子特許が投げかけた波紋

最近では、新たな遺伝子特許・生命特許の解釈をめぐり見解が示された。そのひとつが、米国での乳がんの遺伝子特許をめぐる最高裁判決である。2013 年 6 月 13 日、米国連邦最高裁は、遺伝子特許について、自然のままに存在する遺伝子を特許にすることは認められない、という判決を下した。遺伝性の乳がんや卵巣がんの遺伝子をめぐって起こされた裁判でのことである。対象となったのは、ミリアド・ジェネティックス社が特許を取得した「BRCA1」と「BRCA2」という乳がん・卵巣がんにかかわる遺伝子である。

いま遺伝子を検査することで、将来、乳がんや卵巣がんになりやすいことが分かるため、遺伝子診断が普及してきた。女優のアンジェリーナ・ジョリーさんが将来、乳がんになる可能性が高いとして、予防的に乳房を切除する手術を受けたのをきっかけに話題になり、予防的切除が増えている。彼女の持つ遺伝子も、この「BRCA1」だった。彼女が乳がんになる可能性は87%で、卵巣がんになる割合は50%だといわれたそうだ。その高いリスクを避けるために予防的に乳房を切除したのである。

ミリアド・ジェネティックス社が、この「BRCA1」と「BRCA2」で特許を取得したのは、1998年のことである。遺伝子特許取得が相次いだ時期に当たる。この乳がん・卵巣がんの遺伝子を発見したのは、米国ユタ大学の研究者マーク・スコルニックだった。そのマーク・スコルニックが設立したのが、ミリアド・ジェネティックス社だった。

ミリアド・ジェネティックス社は、その遺伝子を用いた診断法など、遺伝子周辺の特許を広げ、遺伝子検査を行う際に多額の特許権使用料を求めるようになった。特許とは本来、工業製品の発明品に対して与えられる権利である。その特許の考え方からいって、自然に存在する遺伝子を特許にすることはおかしい。しかも検査のたびに特許権を持つ企業に高額の特許料を支払うことになる。こうして裁判が起こされたのである。

2010年3月、ニューヨーク南地区連邦地裁は、特許無効の判決を下した。ミリアド・ジェネティックス社は直ちに控訴した。2011年7月、連邦巡回控訴裁判所は、逆転、特許を認めた。そして2012年3月、連邦最高裁は裁判のやり直しを命じ、こうして連邦巡回控訴裁判所での判決を経て、2013年6月に連邦最高裁で「特許無効」の最終判断が下されたのである。

最高裁の判断は、「自然のままに存在する状態のものは、どんなものでも特許にならないが、人間が手を加えたものは特許になる」というものだった。分かりやすくいうと、DNAを解析しただけでは、それがどんなに珍しかったり、まれなものでも特許にならないが、そのDNAからcDNAをつくり出したようなケースは、それは自然のままではないので、特許になるというものだった。

ミリアド・ジェネティックス社はこの判決について、乳がんや卵巣がんに関する遺伝子検査に関しては、そのほかに24もの特許で守られているので影響を受けない、と述べた。現在、自然なままの状態だけで特許を申請しているケースはほとんどなく、多くの場合、cDNAでも特許申請をしているため、この判決で影響を受けることはほとんどなくなっている。

この判決で焦点になったのは、遺伝子特許の範囲をどこまで認めるかだった。この判決は、自然に存在する遺伝子は特許にならないという、ごくまともな判決だが、同時に、組み換え遺伝子のような合成遺伝子に関しては特許権を認め、お墨付きを与えた形となった。

► デザイナー・ベイビーも特許に

さらに新しい問題として提起されたのが、「デザイナー・ベイビー」をつくり出す手法が特許になったことである。これは治療や診断方法の特許化にあたり、特許の対象の拡大をも意味する。具体的には次のような技術が特許として認められた。

前章でも述べたが、この技術を開発したのは米国の「23andMe」である。グーグルの共同創立者サーゲイ・ブリンと別居中の妻のアン・ウォジッキが創立したベンチャー企業である。その手法は、まず提供者の卵子や精子の遺伝情報をデータベースに入力しておく。子どもが欲しい人がいたとすると、その人の遺伝情報を入力する。するとコンピュータがあらかじめ入力してあった情報にもとづき、望んだ形質の現れる人の精子や卵子を選択するというものである。その選ばれた精子や卵子を用い、体外受精・代理出産を用いれば、望んだ赤ちゃんがいとも簡単に手に入るということになる。

情報提供は「青い目になる確率は25％」というように、確率で示される。もちろん夫婦間で情報を入力しても、生まれてくる子どもの形質も提供されるため、赤ちゃんをつくることをやめるケースも出てくるかもしれない。「病気になる確率」「アレルギーになる確率」も何％という形で提供される。そのため、夫婦間で子どもをつくることを避け、あらかじめその確率の低い人との組み合わせを選択することもできるという代物である。将来的には運動能力や背が高い低いといった情報まで提供されることが予想される。出生前診断も、行き着くところまで来たということができそうだ。優生学的生命操作といえる。

いま世界の支配者は巨大多国籍企業である。知的所有権強化はその多国籍企業の権利を強化し、強いものをさらに強くすることになり、生命という何物にも代えがたいものまで企業の権利にしてきた。それらの企業やそれを支える研究機関、研究者が進める、遺伝子組み換え、ゲノム編集、iPS細胞、ES細胞、人体部品の資源化・商品化などなどは、生命倫理を奪い、生態系を破壊し、食の安全を奪ってきた。それをブルドーザーのように推し進める力を与えてきたのである。

第13章 日本における健康帝国づくりと優生学時代

国家戦略としての医療・健康

日本におけるゲノム編集を推進し、優生学的価値観が覆う社会へ向かう背景を探っていこう。最も大きな推進力が、健康や医療の国家戦略化である。この国家戦略は、現政権が力を入れているイノベーション（技術革新）戦略と合わさり、経済成長戦略の柱に据えられている。そのために規制緩和が進められ、先端医療特区などの国家戦略特区が設置され特定の地域への優遇策がとられ、民間企業の開発能力を活用する政策が次々と打ち出されてきた。

最近の動きをまとめてみよう。安倍政権は、2012年12月26日に発足と同時にアベノミクスを推進するための政策を矢継ぎ早に打ち出した。首相にいわせれば、「世界で一番企業が活躍できる国づくり」を目指したものである。「戦争できる国づくり」と並び、大きな柱となっていった。その経済成長戦略の柱のひとつに健康・医療が据えられた。2013年3月15日、政権発足後すぐに内閣官房に「健康・医療戦略推進会議」を設置し、さらに6月14日には「健康・医療戦略」（内閣官房長官及び関係閣僚）を閣議決定した。8月2日には「健康・医療戦略推進本部」設置が閣議決定され、座長に安倍首相みずからが座った。

安倍政権は、経済成長戦略推進のために、民主党政権が休ませていた規制改革会議（議長＝岡素之・住友商事相談役）を復活させた。その規制改革会議が2013年6月5日に最終報告書をまとめたが、そのなかで具体的に「健康長寿社会が創造する健康・医療関連産業」は有力な成長産業であり、強力に後押しすれば、とてつもない成長産業に変身すると指摘したのである。

健康・医療国家戦略の源流

健康・医療の国家戦略化にはいくつかの源流がある。まず医療から見ていこう。医療政策が大きく転換するのが1980年代中頃である。この時期、医療への関心が感染症から生活習慣病に移行していた。人々の関心が変わるとともに、1984年に「対がん10か年総合戦略」が登場するのである。この流れが後に、「健康日本21」や健康増進法などの流れにつながっており、また2006年6月のがん対策基本法成立へもつながっていくのである。

この時期、世界的に体外受精や脳死・臓器移植といった「生物学的医療」も始まり、国内でもその是非をめぐり生命倫理が論議を呼ぶことになる。この流れはその後、遺伝子組み換え技術、クローン技術の応用や、ES細胞、iPS細胞などの開発、ゲノム医療へと進み、今日の健康・医療におけるイノベーション戦略の柱のひとつになっていく。

もう一方の健康はどうか。日本政府が経済戦略の柱として健康に目を付けたのも1980年代中頃である。人々の関心が感染症から生活習慣病に移行するとともに、健康への関心が強まったのを受けたものである。1984年、文部省（当時）は「生体調節機能食品プロジェクト」を発足させた。このプロジェクトでは、食品を3つの機能に分類した。1. 栄養素やエネルギーを補給する栄養機能、2. 味や香りなどを楽しむ感覚機能、3. 血圧や血糖の調節や免疫力アップなどの体調調節機能である。本来、分類する意味も必要もない一体化したものを、わざわざ3つの機能に分類したのだが、それは、最初から第3番目の機能を有する食品を特別に持ち上げ、健康食品市場をつくり出すことに狙いがあったからである。その柱として1991年に「トクホ」と呼ばれる「特定保健用食品」制度をスタートさせた。

この健康の国家戦略化は米国が先行していた。米国では1990年に、「ヘルシー・ピープル2000」をスタートさせていた。日本政府が2000年から始めた「健康日本21」は、いわばこの米国の政策の物真似だった。健康日本21がスタートすると、さまざまな分野で「国民は健康になる義務を負う」ことになった。

2001年4月、その米国の圧力によって日本では「医薬品の範囲に関する基準」が変更され、医薬品と食品の区別があいまいにされ、医薬品形状でも食品として販売できるようになった。これが、後にサプリメント全盛時代をもたらすことになる。また2004年12月には、トクホの許可基準が大幅に緩和され、簡単な手続きで「トクホ」と表示できるようになった。健康の商売化の柱になっていくのである。

ライフコースデータとビッグデータ利用

健康・医療戦略の源流に、「国家バイオテクノロジー戦略」が絡んでくる。同戦略を打ち上げたのは、1999年1月29日のことだった。農水省、通産省、文部省、厚生省、科学技術庁の5省庁が共同で「バイオテクノロジー産業の創造に向けた基本方針」を発表した。その柱のひとつがヒトゲノム解析であり、解析された遺伝子を特許化する「遺伝子特許戦略」が加速することになった。この遺伝子特許戦略と並行して、知的所有権自体も戦略化していった。こうして大規模な遺伝子収集計画が始まり、30万人遺伝子バンク計画が始まり、100万人ゲノムコホート研究が企図され、東北大学と岩手医大による「東北メディカル・メガバンク」が先行して進行していったことは、すでに述べたとおりである。

これらの動きと並行して生涯管理という考え方が登場し、実現に向けて動きはじめたのである。まず京都大学を中心に新たな取り組みが2016年から始まった。これは京都大学大学院医学研究科、一般社団法人健康・医療・教育情報評価推進機構（HCEI）、株式会社学校健診情報センターの3者が自治体と連携して取り組む、生まれてから終末期を迎えるまでの個々人の健康・医療情報をデータベース化する「ライフコースデータ」である。

図９　生涯にわたる健康・医療管理（ライフコースデータ）

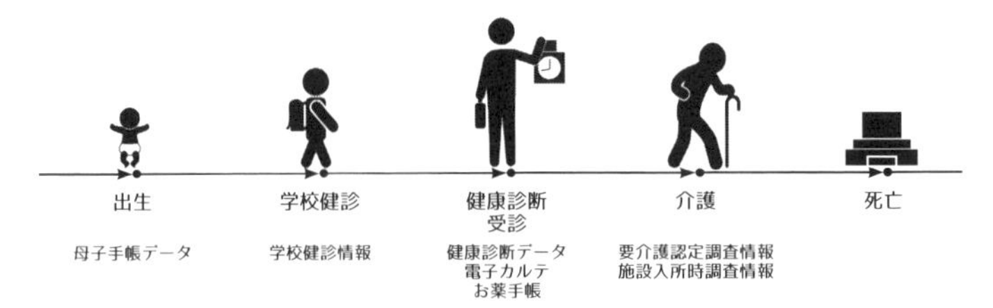

自治体にはいろいろな健康や医療に関する情報がある。母子保健法にもとづく母子保健情報、学校保健安全法にもとづく学校健診情報、健康保険制度にもとづく医療の診療報酬請求情報、介護保険制度にもとづく要介護認定情報などである。それらをデータベース化し、全体をつなごうとする計画である。ゆりかごから墓場までの遺伝情報や健康・医療情報が連結され、分析され、生涯の管理が進むことになる（図９参照）。

学校健診情報に関しては、HCEIが情報収集に当たり、子どもたちの健康診断結果９年分（小学１年から中学３年まで）の情報提供を求めている。すでに多くの自治体が協力体制をとっている。これは従来のゲノムコホート研究のさらなる展開を示した、大規模な全国での遺伝子情報収集・家系調査である。今後、将来かかる可能性がある病気などに関して追跡や予測が予定されており、特定の個人に対しては血液などの生体資料提供が求められていくことになる。

最近の医療・健康戦略の取り組みの柱が、この京都大学などに見られるようなビッグデータの利活用である。政府は、イノベーション推進の柱に、このビッグデータを据えはじめた。そのためにまず行われたのが、個人情報保護法の改正である。ビッグデータ利用で最も大きな壁になるのがプライバシーである。その人々のプライバシーの権利の縮小に取り組みはじめたのである。この法改正は、政府の高度情報ネットワーク社会推進戦略本部（IT総合戦略本部）が、2013年12月20日に個人情報の利活用のための「制度見直し方針」を打ち出し、それにもとづいたもので、同本部は、翌14年6月20日に「制度改正大綱」をまとめ、それにそって改正された。

この法改正のポイントは企業による個人情報の利用促進である。個人情報の利用については、本人の同意がなくても目的変更ができるようにすることが柱である。それまでは情報を利用する目的が変わる場合、改めて本人の同意が必要である。それを一定の条件が整えば必要ないとしたのである。そのために導入したのが「匿名加工情報」という考え方である。個人が識別できないように加工すれば、同意はいらないとしたのである。しかしビッグデータの利用は、最終的には個人が特定できなければ意味がない。そのため企業や研究者などのデータの利用者は、すべて個人情報を掌握することになる。匿名加工情報というのは、第三者にはわからないようにするというだけである。これまでに何度も個人情報の漏洩事件が起きているように、絶対的に個人が特定できないようにすることは不可能である。

2013年12月6日には特定秘密保護法が成立、2015年10月1日からマイナンバー制度がスタートし、2017年5月11日には次世代医療基盤法が施行された。この次世代医療基盤法がもたらしたのが、匿名加工情報という考え方である。匿名加工事業者が間に入って個人名が特定されないように加工してから、個人情報が利用されるという方法である。それによってプライバシーが守られるとしている。しかし、遺伝情報は個人の情報であり、とくにごくまれな病気や、がんなどの経済性が見込まれる遺伝情報は、さらに突っ込んだ解析が必要になる。そのためにはその個人が特定されていなければ役に立たないのである。

いずれにしても個人の遺伝情報を国が管理する時代が到来した。それを経済成長戦略に組み入れる仕組みは着々と築かれてきたのである。

健康・医療戦略が企業や医師を高圧的にする

安倍政権による健康・医療戦略が、医療や医薬品産業の活性化をもたらし、医師会や歯科医師会などの姿勢を高圧的なものにした。そのことが、さまざまな分野で影響を広げている。例えば、一時は後退してきた感染症対策にも表れている。健康日本21で息を吹き返したワクチン接種の強制化が加速した。インフルエンザ、エボラ出血熱やデング熱といった感染症拡大を口実にしたワクチン推進が図られた。その結果、新たなワクチン禍が引き起こされた。とくに深刻な影響が出たのが、HPV（子宮頸がん）ワクチン禍である。

赤ちゃんや子どもたちの間では、生まれた時から予防接種スケジュールが組まれ、生後6カ月までに10～15回、幼児期にその倍近い接種が行われており、幼い体は、複雑な対応を強いられることになった。高齢者のインフルエンザ予防接種もまた半強制的に進められている。新型コロナウイルスによる感染症拡大は、さらにそれを加速させつつある。

歯科医によるフッ化物洗口も強制化が激しさを増した。2000年に健康日本21に始まり、健康国家戦略の中にフッ素推進が組み込まれて以降、2011年8月には「歯科口腔保健の推進に関する法律」が制定され、「歯科口腔保健の推進に関する基本的事項」の中にフッ素推進が示される。それとともに自治体の「歯科保健条例」施行が拡大していく。2008年7月に新潟県での条例化がきっかけで、以降、歯や口腔に関する条例を施行している道府県は43に達し、条例化していない府県でも実質的に条例と同じ強制化の仕組みづくりが進んできた。結局、何もしていない自治体は、東京都だけになった。その東京都でも、千代田区・日野市・豊島区が条例化している。これらの条例のほとんどで条文にフッ素推進が明記されている。これら一連の推進姿勢が、学校現場でフッ素洗口強制化をもたらしてきた。

眼科医の圧力も強まり、学校での色覚検査も復活させることになった。厚労省が2001年に労働安全衛生法を改正して、就職時の健康診断で色覚検査の義務づけを廃止した。それを受けて、2002年3月、学校保健法の施行規則が改正され、2003年から色覚検査が学校での健康診断の必須項目から削除された。それにより学校での色覚検査は行われなくなった。しかし、禁止されたわけではなく、同意があればできるなど、あいまいさは残った。その残ったあいまいさが、2014年4月に施行規則の一部改正により色覚検査を復活させた。色覚検査の復活は、再び色覚差別をもたらしつつある。

整形外科医の圧力で運動器健診も行われるようになったのである。また、ピロリ菌検査も早いところでは2013年度から開始された。学校にいる時期に検査を行ってもほとんど意味を持たない検査であり、ましてや副作用の大きな除菌までもが、学校に持ち込まれているのである。

▶ 生殖医療・臓器移植も歯止めがかからなくなる

生殖医療も歯止めがかからなくなった。妊娠している女性の血液検査で赤ちゃんがダウン症か否かが判定される「新型出生前診断」が、2013年4月から始まり、始まると同時に広がった。女性から採血し、その血液中の遺伝子を解析することにより、胎児の染色体や遺伝子を調べる検査である。しかもいま、その診断の拡大が進められている。

この新型出生前診断は、将来どのような病気になるかが判定される「遺伝子診断」へと応用が拡大しつつある。それが着床前スクリーニング臨床研究の開始である。受精卵検査を行い、「正常」な受精卵と判断したものだけを戻す、命の選別である。日本産科婦人科学会は2015年2月28日に、この臨床研究の開始に正式にゴーサインを出した。体外受精で妊娠しなかったことが3回以上ある人と、流産を2回以上経験した人を対象に、300人には検査して「正常」と判断された受精卵のみを子宮に戻し、300人には検査せずそのまま戻し、その差を見ようという実験である。

代理出産を容認する動きも出はじめた。2014年10月31日、自民党プロジェクトチームが法案作成へ向けて動きはじめた。代理出産に関しては、産科婦人科学会は認めてこなかったが、諏訪マタニティクリニックにおいて独自の判断で行われてきた。それを合法化しようとする動きである。

子宮移植も動きはじめた。2014年3月に、日本子宮移植研究会発足、実施指針作成へ向けて動きはじめた。2014年10月には、スウェーデン・イエテボリ大学において移植子宮で出産というニュースが伝えられた。2014年12月17日に、日本子宮移植研究会が指針案を日本産科婦人科学会などに送付した。これを受けて同学会は、子宮移植を検討する小委員会を設置した。

いまや脳死状態からの臓器移植は当たり前に行われるようになってしまった。加えて、iPS細胞から、さまざまな臓器や組織をつくったり、精子や卵子といった生殖細胞づくりが進められている。さらには、その精子や卵子を受精させることで、機能が正常か否かを確認したい、という研究者の声が大きくなっている。新たな技術としてゲノム編集が登場して、遺伝子治療が行われようとしている。そのなかで、生命倫理は風前の灯火になっている。

ゲノム編集技術の登場

日本政府は2018年6月15日、安倍政権が進めてきたイノベーション推進計画をさらに加速するため、「統合イノベーション戦略」を閣議決定し、統合イノベーション戦略会議設置を決めた。ビッグデータの推進は、イノベーションの柱であることが、より明瞭化された。

この統合イノベーション戦略が、ゲノム編集技術の推進に弾みをつけた。そのなかで、2018年度中にゲノム編集を積極的に推進できるように法律や指針を整理しろと指令を発した。翌7月には環境省が動き、8月末には環境影響について方針がまとまった。9月には厚労省が動き、2019年1月には食品の安全審査について方針がまとまったことは、すでに述べた。

この動きと並行して、厚労省と文科省が生命倫理についても動きを加速した。2016年4月22日に内閣府・生命倫理専門調査会が、基礎研究に限定するとしながらも、ゲノム編集による人間の受精卵操作を容認する報告をまとめた。統合イノベーション戦略がその動きを加速させた。2018年9月28日、厚労省と文科省の合同有識者会議が開催され、指針案をまとめた。そこで基礎研究に限定しながらも、ゲノム編集を人間の受精卵に用いることを容認したのである。これまで、いっさい手を付けることが認められてこなかった人間の受精卵に対して、遺伝子操作を容認した。12月4日には文科省、12月13日には厚労省が相次いで新指針を作成し、2019年4月から運用が始まった。今後、難病治療などを口実に「眼の前にいる人を犠牲にするのか」という論理で、ゲノム編集を用いた医療が進む可能性が強まった。入り口を開いたことで、将来的には全面解禁の可能性を切り開いたといえる。

新たな優生学の時代を切り開こうとしている、その技術的可能性をもたらしたのが、このゲノム編集技術である。日本だけでなく、世界的に基礎研究に限定して人の受精卵への応用を認める方向にあり、同様の研究が多くの国に広がっていく可能性がある。このような研究が積み重なっていくと、現在の体外受精などの生殖補助医療同様に、抑えが効かなくなり拡大を続け、臨床に応用されていくことが考えられる。この場合、操作した遺伝子が世代を超えて受け継がれていくため、人による人の改造につながっていくことになりかねない。

そのような状況にある時、2018年11月に伝えられた中国でのゲノム編集赤ちゃん誕生のニュースが世界に衝撃を与えた。基礎研究を飛び越え、実際に赤ちゃんを誕生させたのである。この受精卵の遺伝子操作は、人間による人間の遺伝的改良に当たる。すでにタブーが次々と打ち破られる時代に入ったといっても過言ではない。

新たな優生学の時代へ

統合イノベーション戦略のもうひとつの柱がビッグデータ利用である。政府の意向を受けて、医療や健康でのビッグデータ利用には、ほとんどすべての省庁が動いてきている。この問題での取り組みは官邸主導であり、政府全体で取り組みが行われている。ビッグデータにかかわる事業の支援策も進められてきた。文科省は2011年に「科学技術イノベーション政策のための科学」推進事業を開始している。総務省もまた2014年に「地域ICT振興型研究開発」推進事業に取り組んでいる。京都大学などが取り組む「ライフコースデータ」はこれらの支援を受けている。なおICTとは情報通信技術のことである。

政府のなかでも、この間、最も積極的に動いているのが厚労省である。同省は、母親と子どもの健康や病気の情報の一元管理を目指して動き出した。2018年4月25日には、「データヘルス時代の母子保健情報の利活用に関する検討会」を立ち上げ、乳幼児から小中学校での健診情報や予防接種などの履歴情報を一元管理し、同時にビッグデータとして活用することを明らかにした。当面、生まれる前から中学校を卒業するまでを一元管理するのがねらいのようだ。現在、すでに一部の自治体では母子健康手帳の電子化が進み、スマホで見られるようになっているが、これが全国化する可能性があり、乳幼児健診では自治体ごとに異なる項目の統一化が図られ、学校での子どもの健康・身体情報などがこれに加えられ一体化を狙っている。京都大学などが取り組む「ライフコースデータ」は、その基礎的なデータベースになると考えられる。

安倍政権はまた、カルテや検査データなどの個人情報を収集し、企業や研究機関が利用できるようにする、医療ビッグデータの開始を決めている。将来的にはゆりかごから墓場までの健康や病気の管理へと進む危険性が強まる。いわば国による全国民の健康・医療管理体制へと突き進むことになる。これは、かつてのナチス・ドイツが進めた健康帝国づくりを彷彿とさせる。「健康な日本人」づくりは裏返すと、障害者や病者の排除へと進む。このことは同時に、安倍政権が進める「戦争ができる国づくり」と合わさり、「優秀な日本人」という思想を敷衍(ふえん)し、いっそう排外主義を促進することにつながる。

dialogue

科学技術に張りつくもの

天笠啓祐×佐々木和子 京都ダウン症児を育てる親の会顧問

1972年3月、雑誌『技術と人間』が創刊されました。科学技術と人間、社会の関係を問う編集方針を掲げ、原発、生命操作、環境問題、コンピュータなどのテーマを取り上げる雑誌でした。創刊時からこの雑誌の編集に携わってきたのが天笠啓祐さんです。

大学で科学技術に疑問を持ちました

佐々木 天笠さんはどうしてゲノム編集など、生命にかかわる問題を取り上げるようになったのですか。

天笠 私は、理工学部の出身です。出身だけで、中身はともなっていません。というのは大学へ入学して、すぐに、理工学部に入ったことを後悔し、ああ選択を間違えたと思いました。講義にはほとんど出ないで、学生運動を行う一方で、本を読んでばかりいました。そういう世代なんです。

大学へ行っても、多くの学生が講義に出ないで、社会的な活動を行っていました。早稲田の理工学部にもそういう考え方の学生が結構いました。学生同士で技術や科学や社会の在り方を討論し合っていたんです。

大学時代をそこからスタートしました。あの時代の影響は、大きかったですね。就職するときに、ジャーナリズムを希望しました。でも当時、理工学部から、ジャーナリズムへ入っていくのは、大変難しかったんです。

当時、理工学部の就職というと、教授が企業に割り振っていくわけです。となると私は、そこからはみ出るわけです。大学とケンカしていたから、当たり前ですけどね。新聞社とか雑誌社とかいろいろ受けたけど、全部、落ちました。最終的には、製薬メーカーにセールスとして入社しました。ドイツ資本の会社でした。居心地のいい会社ではありました。それが、3カ月後に閉鎖になり、あえなく失業とあいなりました。ドイツの本社から、日本支社閉鎖の命令が出て、閉鎖になったんです。支社長のドイツ人もすでに引き揚げた後だったので、労働争議にもなりませんでした。

その会社に東大出版会にいた人がいて、ジャーナリストになりたいといいましたところ、「出版社は経験者優遇だから、何か経験したら」といわれて、エディタースクールで編集や校正を勉強しました。そして理工系の出版社に就職しました。そこの編集長である高橋昇さんが、『技術と人間』を出したいと考えていたんですね。そこで『技術と人間』の立ち上げにかかわったんです。

1970年前後にあちこちで原発の建設が始まり、反対運動も広がっていました。当時、物理学者の武谷三男さんが第一線で発言されていました。それで「今度、『技術と人間』という雑誌を出すので、よろしく」とあいさつに行きました。

「君、これからは、原発の問題を取り上げないとだめだよ」といわれたんです。それもあり、雑誌の大きな柱に原発の問題を取り上げることにしました。1970年当時は、全国的に環境破壊が大きな社会問題になっていました。それで『技術と人間』の創刊号で、瀬戸内海汚染を特集したのです。雑誌の柱として。環境問題と原発問題を二本柱にして、スタートしました。

1975年に遺伝子組み換え実験が成功したというニュースが飛び込んできました。そのときに有名な「バーグ声明」が出ます。これをマスコミを含めてどこも紹介しなかったんです。この声明は、遺伝子組み換え実験に対して、警告を発し「一時停止」を求めたものです。その声明を全訳して『技術と人間』に載せたのです。遺伝子組み換え実験に対して、最初に警告を発した雑誌になりました。

その頃から1980年代にかけて、遺伝子組み換え問題に加えて、体外受精、脳死臓器移植、エイズ予防法など、生命操作と人権にかかわる大きな問題が次から次へとでてきました。当時は、全障連（全国障害者解放運動連絡会議)、青い芝の会、薬害や医療被害者の団体とか、さまざま団体がそれぞれの立場で、生命操作の問題に取り組んでいました。なかでも大きなテーマになっていたのが、優生思想とのかかわりです。

1980年代に入ると最初は微生物から遺伝子組み換え技術の応用が始まり、作物やラットなども改造されるようになりました。遺伝子組み換え技術も実験の段階では、主に微生物を扱っていましたし、バイオハザードを恐れて「環境中に出てはいけませんよ。仮に環境中に出ても自然界で生き延びられない生物を使いなさい」という物理的封じ込めと生物学的封じ込めの、二つの封じ込めの原則がありました。

ところが、遺伝子組み換え作物を野外で栽培するようになったんです。封じ込めの原則を崩すことになりました。これが問題だとヨーロッパで緑の党が取り上げました。遺伝子組み換え実験が社会的に大きな節目を迎えた時期です。

作物が開発され野外で栽培されはじめたことは日本でも大きな問題になると考えて、私が日本消費者連盟に一緒に取り組んでほしいと、持ち込んだんです。96年から実際に作物の輸入が始まりました。それで運動が盛り上がったんです。最初は安全性の問題でした。食品として市場に出はじめると、食品表示の問題が大きくなりました。それ以来、消費者運動に巻き込まれていくことになります。

いま遺伝子操作はゲノム編集が登場して、歯止めがかからなくなってきました。電子技術や通信技術も第5世代(5G)になって、ビッグデータやマイナンバーカードとつながり、監視社会がつくられ、科学技術の問題は、コントロールが効かない領域に入ってきたと思います。マイクロプラスティック問題やナノテクノロジー問題など、どんどん小さくなり、これまたコントロールが効かなくなってしまいました。以前は科学技術論が盛んでしたが、いまは、科学技術そのものを根底から批判することが必要になっていると思います。

人間にとって科学技術とは?

佐々木　技術は人間がつくり出したものじゃないですか。科学技術を人間が発展させていった。原発もそうですが、体外受精などの生殖技術、遺伝子組み換え、出生前診断、そしてゲノム編集。科学者は、この技術を使って、障害者を排除してやろうとか、思わなかったはずです。技術を使う人間があっという間に経済をバックに、お金儲けに利用していった、と同時にその技術で障害者を排除していった。結局、その科学技術を使う人の問題かな。旧優生保護法を使って、どんどん強制的に不妊手術をしているときに羊水検査が出てきたんですね。即利用しています。

天笠　私は、優生思想というものは、人間に張りついたもの、心の中にある暗部に住み着いたものだと思っています。そのため科学技術にも張りついていると思います。あるいはその両者の関係の中にも張りついている。科学は、人体を研究するなかから、次々と遺伝子を発見しています。そして操作もできるようになり、どんどんと深入りしていくわけです。そのこと自体が、優生学を再生産していくことにもなっていきます。

佐々木　本当は、踏み込んではいけない領域のはずなのにそこへ踏み込むこと自体が、優生学なんですね。

天笠　人間と人間との関係の中にも張りついている。社会全体にも張りついている。これは、本当に根深いものだと思います。人間の中の暗部に住み着いていますから、ほっておくと表面化してくる。そして、これを政治化したり、制度化しようとする動きが出てくると、それが怖いですね。ですから差別や人権の問題に絶え間なく取り組む必要があると思います。

佐々木　最首悟さんの本を読んだんです。日本列島に住んでいる私たちとヨーロッパの人たちとでは思考のしかたが違う。キリスト教の世界では、人間は神からの直接的分身（子ども）で、私という個が成立していて一人称のＩという主語があるけれど、日本語には主語はなく二人称で語られるとのことです。私とは「あなたにとってのあなた」で、お互いがお互いに決定しあっていく、そういう思考をする人と、絶対的な私という主語がある、その間では、思考体系が全然、違うらしいんですね。

だから日本では、トリプルマーカー（出生前診断のひとつで母体血清マーカー検査）が入ってきたときに広まらなかったんだなってすごく納得できました。ヨーロッパはあっという間に広まりました。日本は、珍しく止まった国なんですね。それは思考体系が違うからだと思うんです。新型出生前診断が出たときに「あなたは出生前診断を受けますか」との質問に８割の女性は、診断を受けないと答えているのもそういうことか、と思います。が、そんななかで、出生前診断の件数が増えているのは技術が社会を動かしているんだと思います。

天笠　日本と欧米では、精神構造が異なっていると思います。精神が向かうベクトルが違うといっていいと思います。日本人の精神構造は基本的に自然や大地に向かっている。それに対して欧米のキリスト教世界では天に向かっている。

臓器移植の問題で、日本とヨーロッパの価値観の違い、根本的な違いを見てみると分かりやすい。ヨーロッパの場合、キリスト教的価値観だから、精神は神の領域、肉体はケモノの領域なんです。精神が重要であって、肉体はそれを邪魔するものということになる。「人間は考える葦である」という表現がありますが、そのことを端的に表現しています。肉体は、ケモノの領域だから臓器は交換可能だという考え方なんですね。西洋医学は、そういう考え方で発展してきたわけです。東洋的価値観は、肉体と精神は一体だととらえるんですね。そうすると臓器移植に対する抵抗、拒否は強いと思います。

佐々木　脳死臓器移植の場合、移植法の改定によって、本人の意思が確認できる場合に加えて、家族の承諾だけでも臓器提供が可能になっているけれど、日本では、欧米ほどは進んでいないじゃないですか。そこは、脳死状態の人をどうとらえるか、ということ、私たち日本人の感性とキリスト教の方たちとでは、捉え方が全然違うんだろうなと思います。いくら科学技術が進んでもそこは超えられないところ。自分の近しい人が脳死になって、横たわっておられる。それをなかなか物質とはみられない。

天笠　なんていうんですかね、私たちに張りついたモノはなかなか変わらないと思うんです。

佐々木　お腹の中に宿った命を物質なんて思わないよね。とくにお母さんはね。だからこそ出生前診断がそれほど広がらない。でも、いま技術がどんどん女性を追い詰めています。

天笠　科学技術は男性の論理で推進されてきました。本質的に性差別の構造があるように思います。男性の論理で進めると、かなり無茶なことをやる。ゲノム編集が登場してきたとき、遺伝子というものが想像以上に複雑なものだと感じたんです。DNAというのは物質であって、組み換えれば操作できるんだという発想がありました。遺伝子組み換えでどんどん生物を変えていこうという流れがあったんです。

1980年代の組み換えの時代は、ものすごく簡単な生命観だったのです。ところがゲノム編集が出てきて研究が進むとゲノムは本当に複雑であって、そう簡単に操作を受け入れるものじゃないことが分かってきたんです。これは、やっぱり大きいと思うんです。

1950年代や60年代にDNAセントラルドグマという考え方がありました。DNAが生命の中心とする考え方といっていいと思います。DNAが分かれば、生命がすべて分かるように考えられていたけど、いまはDNAが分かっても何も分からないよとなってきたんです。分かんないことが分かってきて、しかも、さらに分からないことが増えてきたんです。

佐々木　それでもそれを触ろうとしている。

天笠　人間を改造しよう、もっと優秀なものにしようというのは、劣ったものは嫌だという考え方の裏返しです。差別の裏返しですから、人間に張りついたものです。遺伝子を解析していけば、どうすれば遺伝的な改造ができるかが分かってくる。本当はそんなに単純なものではないのですが、単純な生命観が好まれ、どうしても優生学になるんですね。病気を治すといって遺伝子操作をする。でも病気の範囲もひろいですよね。そのときに価値観が働く。この病気はこの遺伝子が絡んでいる。ではそれを変更して治療をしようという考え方の延長で、この遺伝子を変更すれば、もっと優秀な人間になれる、という考え方が出てくる。このように必ず優生学が出てくるんです。どうしても遺伝子を操作する際に優生学が出てくるんです。

例えば、中国の研究者が双子の赤ちゃんをゲノム編集で生ませた。あのときにアメリカの研究者が、HIVに感染しにくくなると、認知症になりにくくなるというデータを出してきました。病気とどう向き合うかというときにAIDSになりにくくなるというのは、一つの価値観ですよね。さらには、認知症になりにくくなるという実験もかねている。そういう価値観を踏まえてやるわけです。そこには、優生学が絡んでくるんです。

佐々木　価値をつけること。そのものが優生学ですね。

天笠　科学は、客観的で中立的という考えは、昔からありました。でもそうじゃないよね。そこには、人間と社会とのかかわりがあるんです。人間が技術をつくり出す、技術が人間をつくり出す、という相互関係になってきている。

科学技術も「いまだけ、カネだけ、自分だけ」

天笠　いまの科学技術は、DNAを物質として見てしまう。肉体はケモノだからどう触ってもいいという見方をするから「いのちの線引き」が起こる。その典型がやまゆり園事件だと思うんです。植松被告にしたら、障害者は、廃棄すべき物なわけです。その延長に脳死臓器移植や安楽死問題もあると思います。

佐々木　私は、ダウン症の息子と暮らしてます。彼が生まれてきてくれて本当によかったと思っていて、出生前診断に正面から反対してきました。はっきりいって、いまや逃げ出したくなります。もう守り切れなくなるのでは、と思うほど出生前診断でダウン症の胎児が中絶されています。ということは、息子の存在が否定されているということです。

天笠　優秀な人間を求める社会に向かう幻想は出てくると思います。だけど、実際にゲノム編集で、優秀な人間ができるとか、そういうことがありうるかといえば、僕はそういうことは、絶対にありえないと思います。幻想は広がっていくけど、現実は、そういう方向には向かっていかないと思います。幻想が広がっていく。それに対して、私たちは闘っていかなければならない。科学技術との闘いというより、イデオロギーとの闘いと考えたほうがいいかもしれない。

佐々木　人間はそれが幻想だといつになったら気づくんだろう。例えば、原発の問題は打つ手がないところにきているのにまだ進めようとしているじゃないですか。これは完全な幻想です。それでもまだ幻想にしがみつく。

遺伝子を人間が触りはじめて、もしかしたらデザイナー・ベイビーが生まれてしまう。でもパーフェクトになりっこないんだから幻想でしかない。

天笠　だから僕は、デザイナー・ベイビーは、ありえないと思っています。むしろこんな人間が完全ですよ、というイデオロギーはあると思うんです。そういうイデオロギーへ研究者は煽(あお)り立てていく。そうすると研究ができますからね。実際、研究者がデザイナー・ベイビーを目指しているわけではないし、ただそういう幻想を煽るというのはやると思います。本当にデザイナー・ベイビーを考えて、やりはじめたら、こんな危険なイデオロギーはありませんよ。そんな狂信的な科学者が出てきたら大変だなと思います。

佐々木　中国のあの人みたいなこと、続くと思います。

天笠　狂信的な科学者が出てくる可能性はあります。そのような人物が登場するのは、いつでもありえることです。

佐々木　ベンチャー企業を立ち上げるための宣伝材料だったんですよね。

天笠　でも幻想が広がり、そのような人物が登場する時というのは、ヒトラーみたいな人間が出てくる時と重なると思います。それは怖いです。
いまの科学者、技術者はそういうレベルで動いていないと思います。いまの研究者は、世の中の影響を受けて、「いまだけ、カネだけ、自分だけ」なのです。
このまま進むと人類の生存基盤にかかわる、恐ろしいことになると思います。それはゲノム編集と原発が同じだからです。原発が問題なのは、放射能汚染をもたらすからです。放射線がDNAを傷つけて、破壊するわけです。ゲノム編集もDNAを切断して壊すわけです。原発とゲノム編集は同じなんですよ。放射線は無差別にDNAを切断して傷つける。ゲノム編集は意図的に特定の個所でDNAを切断して遺伝子を壊すといっていますが、実際は、そうでないところをいっぱい壊しているわけです。だから僕は、原発とゲノム編集は同じだと思っています。
中国の例でも、意図的にDNAを傷つけているわけだから、被曝者と同じで、差別されると思うんです。あの子どもは、最低20年間、管理されて生きていくわけです。最初の体外受精の赤ちゃんが障害をもって生まれてきたということで結局、隠されてしまった。要するに障害をもつか、もたないかで、成功か失敗かと決められてしまうわけです。
今度のゲノム編集の赤ちゃんだって、障害が出てきたり、病気になったりすると、これは、ゲノム編集は、失敗だとなるんです。ということは、技術が成功したか失敗したかは、障害があるかないかにすり替わるわけですね。被ばく者が差別されるのと同じ共通の問題が出てくると思うんです。
佐々木　私もゲノム編集と原発の問題は、「核」を触るということと、差別を生み出すということで同じだと思っています。にもかかわらず、ヒト胚へのゲノム編集の研究が始まってしまった。天笠さんがおっしゃるように、「いまはDNAが分かっても何も分からない、分からないことが分かってきて、さらに分からないことが増えてきた」。そのことは研究者が一番よく知っている。長い地球時間をかけて変化し、多様化してきた生物の遺伝子の複雑さがそんな簡単に分かるわけないし、人間が触れるなんて傲慢以外、何ものでもない。

それを触ろうとする理由は「いまだけ、カネだけ、自分だけ」と私も思います。そんな考えのもとにやろうとする研究に対して、私たちにできることは何でしょうか。

天笠　世の中を一挙に変えられるような特効薬はないというのが結論です。いい続けていくこと、行動し続けていくこと、訴え続けていくことです。一人になってもです。戦争に対して多くの市民が沈黙してしまった。その時声を上げることがいかに困難か。でも、声を上げた人がいました。沈黙は共犯という言葉がありますが、一人でもいい続けなければいけないと思っています。放っておけば、人権は踏みにじられ、差別ははびこり、優生学的世界観が蔓延します。インターネットの時代になり、言葉の暴力が飛び交い、その傾向に拍車がかかっています。

あとがきにかえて　パンデミック禍のゲノム編集と医療崩壊

パンデミック禍の差別と偏見

史上初めて、世界規模で国境の閉鎖を伴う感染症の拡大が起きた。その異常な事態だからこそ、そのなかで現代社会が抱える問題がより鮮明になり、同時に医療をめぐる問題点が、誰の目にも見える形で浮き彫りになったといえる。

これまで、ただでさえ感染症は、差別と偏見をもたらしてきた。パンデミック禍の自粛によって、鬱屈した日々が続いたことで、暴言が横行し、差別と偏見が日常化していった。ネット社会がそれを増幅する役割を果たした。そして、政府の医療政策ががんや生活習慣病に移行し、感染症対策がおろそかになっていたところに訪れた新型コロナウイルスの猛威が、医療の崩壊をもたらした。かろうじて医療現場の人たちの献身的な努力によって、対応が図られた。そのぎりぎりの状況のなかで、いのちの選別という大きな問題に直面することにもなった。

感染症は必ずといっていいほど差別と偏見をもたらしてきた。その代表が、ハンセン病患者が受けた差別や人権侵害であり、それは言語に絶するものだった。「うつる病気」だとされ、1907年に制定されたらい予防法により強制隔離され、不妊手術が強制され、人間としての扱いを奪われた。この法律が廃止されたのは、なんと1998年のことである。しかし、その後も差別と偏見はけっしてなくなったとはいえない。

ハンセン病のように、うつらない病気がうつる病気とされ、差別された例として水俣病などの公害病もあった。最近でも、福島第一原発事故後、放射能がうつるとして被曝労働者や福島県出身者が差別され攻撃されたことはまだ記憶に生々しい。就任早々の大臣が「放射能をうつすぞ」といって辞任するケースまで起きた。

ハンセン病と同様のケースがHIV（エイズウイルス）感染者に対して起きた。感染者を「取り締まる」性質をもったエイズ予防法が1988年12月に成立した。この法律は「らい予防法」を模倣してつくられ、怖い病気のイメージが増幅された。この感染症が米国に現れたのは1979年のこと、1981年頃から男性同性愛者で広がり、マスメディアがセンセーショナルに扱ったことから、男性同性愛者への差別や偏見が広がった。「エイズ」という言葉自体が差別的な使われ方をしたのである。日本では女性の感染者が確認されると、売買春の関係がとりただされ、マスメディアによる過剰な報道が始まり、エイズ・パニックと呼ばれる状況がつくられた。当時、日本での感染者の9割以上が血液製剤の汚染による血友病の人たちだったことから、とくに血友病の人たちへの就学や就職拒否、嫌がらせやいじめが広がっていった。感染者は居場所を失い、孤立を深めていったのである。

2009年に新型インフルエンザウイルスによる感染症拡大が起きた際、WHOは今回同様、パンデミックを宣言、感染者は214の国と地域に及び、1万8000人以上の死者が出た。日本でもマスクが飛ぶように売れ、消毒液がいたるところに置かれ、修学旅行から帰国した高校生が成田のホテルに缶詰め状態に置かれた。その際、県立神戸高校の生徒が国内初感染者と発表されたことで、マスメディアが同校に殺到し、過熱報道が起きた。当人はもとより、学校までもが「ばい菌」扱いされ、高校生がその時受けた心の傷は長い間続いたのである。このような事態は、同校以外にも広がっていった。

この時に比べて、今回のパンデミックはさらに深刻さを増している。最初はクルーズ船「ダイヤモンド・プリンセス号」の乗客が対象になった。連日報道されたこともあり、下船した際には隠れるように自宅に帰ることになった。加えて、中国・武漢からチャーター機で帰国した人や、それらの人たちに対応した医療従事者にまで及び、タクシーの乗車拒否も起きている。これをきっかけに、人を見たら感染者と思えといった空気が蔓延し、ましてや感染者として確認されると、その家族を含めて、心ない発言などが投げつけられるようになったのである。従来と違う点は、スマホの広がりによってSNSによる差別や偏見、心ない発言の書き込みが爆発的に増加したことである。

福島第一原発事故の際、福島県からの避難者ということだけで宿泊を拒否されたり、レストランやガソリンスタンドで福島県人入店拒否の張り紙がされた。今回も、中国人入店お断りという張り紙が出されるケースがあった。世界的にも、中国人やアジア系市民に対して罵声が浴びせられるケースが相次いでいる。原発事故では福島ナンバーを付けたトラックが、現場立ち入りを拒否され、わざわざ荷物を積み換えて納品した例もあるが、今回の場合、県外ナンバーの自動車に対して嫌がらせが起きるケースが起きている。

SNSでの誹謗中傷や攻撃は、感染者にとどまらず、医療従事者、宅配など運送業に携わる人にまで広がった。医療関係者の入店拒否、タクシーの乗車拒否、保育園への預かり拒否まで起きている。発熱して帰省したところ「コロナ疎開」と揶揄(やゆ)されるケースもあった。「ばい菌」扱いは、報道が過熱化すればするほど増幅していった。行政も公然と差別を行った。保護者への助成金の対象から風俗業を外したり、朝鮮学校幼稚部はマスク配布先から外すなど、が行われた。

いのちの選別に反対して声を上げる

このように差別と偏見がさまざまな形で表れているなか、障害者が声を上げたのが、いのちの線引きをめぐってである。新型コロナウイルス感染症対策室が、「人工呼吸器などは数に限りがあるため、使用の有無などについて事前の意思表示を議論する必要がある」とする旨の分析・提言を行ったからだ。人工呼吸器は数が少ない、優先順位をつける必要があるという趣旨の提言である。

誰を助け、誰を助けないかとする議論は、脳死・臓器移植の際にも大きな議論になった。数少ない提供臓器を誰から誰に移植するのか。一方で、早く見捨てられるいのちがあり、他方で、真っ先に助けられるいのちがある。このようにいのちに優先順位がつけられるのが、脳死・臓器移植の最大の問題点だった。人工呼吸器の使用は若者を優先し、高齢者や障害者は後回しにしようという流れがつくられていきそうだった。それに対して「いのちの選別に反対」して、障害者が声を上げたのである。

このいのちの線引きは、今回の新型コロナウイルスの感染症拡大以降も、さらに広まっていきそうである。オランダでは高齢者に対して、感染しても治療しない医療機関が出てきた。同国では安楽死が認められている。安楽死や尊厳死が認められると、このようないのちの選別が起きることを指摘してきたのは医療被害者や障害者である。その他にも、心身に障害がある人や持病を抱えている人などの救命治療が後回しにされ、死亡するケースも伝えられている。

この差別と偏見という危険性を増幅させる大きな技術が導入されようとしている。個人のスマホを用いたコロナウイルス感染追跡アプリである。グーグルとアップルが開発し、厚労省も取り入れ、自治体でも取り入れる動きが広まっている。多くの人が、このアプリをダウンロードすることから始まる。一定の距離内に同じアプリを持った人が入ると記録されていく。ある人がコロナウイルスに感染したことが分かると、その情報がそのアプリを持つ人すべてに流れるため、濃厚接触したかどうかが分かる仕組みである。その情報は政府も掌握することになるため、国による感染者追跡システムになる。これは政府が感染者を手配犯のように追いかける仕組みにつながっていく。

その先にある姿を、中国の感染者追跡システムが指し示している。中国ではすでにビッグデータを利用して感染者追跡システムを運用しており、監視カメラなどで感染者が追跡されている。感染者はまるで犯罪者か手配犯である。そして非感染者が近づかないように警告が発せられることになるが、感染者に対する差別や偏見を増幅させるだけでなく、一人ひとりを国が監視する国家の出現をもたらしたのである。

日本政府もまた、これまで監視国家化の道を加速させ、人権を抑圧してきた。マイナンバー制度をスタートさせ、共謀罪まで成立させ、これにオリンピックで大規模導入予定の顔認証制度を加えれば、監視国家の基本が形成できる。これに感染者追跡アプリのようなシステムが作動すれば、さらに差別と偏見を助長することになるのは必然である。

国が潰してきた感染症対策——ゲノム編集推進と保健所半減

医療崩壊の問題について見ていこう。感染症が起きた際に、その防止や発生した際にもっとも重要な働きをしているのが地域の保健所である。公衆衛生の拠点であり、その働き次第で感染の広がりも死亡率も変わってくる。世界的に見ても公衆衛生への取り組みが軽視されているか、崩壊しているところ、あるいは行き届かないところは、今回のような新型コロナウイルスによる感染症が発生すると死亡率が高くなる。真っ先に被害が拡大するのが、経済的に苦しい家庭や高齢者、病者だからだ。公衆衛生が発達していれば、それらの人たちの被害も抑えることができる。しかし、現実は逆で、多くの国で社会的に弱い立場の人たちの間で感染症の被害が広がった。日本の公衆衛生の現場もまた崩壊寸前にあるといってよい。それをかろうじて阻止してきたのは、保健師や医療現場の人たちの献身的な努力である。

日本政府が公衆衛生を軽視してきたことは、保健所の数の減少によって歴然としている。この間、保健所は半減し、そこにいる保健師が大幅に削減され、その役割も変更されてきたからである。国の医療や健康に関する政策が大きく転換したのは、1980年代である。それまで柱にしてきた感染症から生活習慣病へと重点が移った。経済効果がない公衆衛生は軽視され、経済効果が大きながんや循環器病、糖尿病などへとシフトが変更された。公衆衛生のみならず、医療においても不採算部門は切り捨ての傾向が強まった。それは今回のベッド数不足が雄弁に物語っている。もはや病院での感染症対策も崩壊寸前の状態になっていたのである。

保健所の数は減少の一途をたどった。1994年に保健所法が改悪され、法律の名称も「地域保健法」となった。これ以降、保健所が削減され、そのあり方も変更された。公衆衛生にかける費用は無駄なお金だとして削減を図るためだった。平成の30年間で見ると、1989年（元年）の保健所の数は848だった。それが2018年（30）年になると469にまで減らされてきた。これが公衆衛生軽視の実態である。

医療の中心ががん医療に置かれた。それはがんというものが、医薬品開発や医療機器開発にとどまらず、さまざまな業種にかかわる幅広い産業のすそ野を持っているからである。また世界的に競争になっている最先端の科学技術開発をもたらすからでもある。その産業のすそ野から見ると、医療機器、AI、新素材、医薬品、病院、バイオベンチャー、健康食品、オンライン医療、IT、ホテルなど多数の産業・企業がかかわってくる。最近では教育現場でも、がん教育が推進されるまでになった。医療が人々を救うものから、経済効果をもたらすものへと変更されてきたのである。

安倍政権は、戦略的イノベーション創造プログラム（SIP、内閣府）を進めてきた。同政権は一貫してさまざまな分野でイノベーションを推進してきた。医療分野でも生活習慣病対策として、高度医療を推進してきた。この柱は、知的財産権を取得することが最も重要な目的である。知財を獲得し、科学技術を支配し、世界経済を支配していこうという戦略である。

次世代医療技術の柱として最も力を入れているのがAI、ビッグデータ利用と並び、ゲノム編集技術やiPS細胞・ES細胞などのNBT（ニュー・バイオテクノロジー）といわれる分野である。NBTにはその他に、RNA干渉法などのRNA操作技術、エピゲノム操作技術など、遺伝子組み換え技術の次に位置するバイオテクノロジーがある。その研究開発のために、がん治療というのは格好な対象なのである。

安倍政権が掲げる先端医療の推進は、けっして医療従事者や患者のためのものではない。企業や政府研究機関などの技術開発力を強化するためのものである。そのための科学技術立国化、知財戦略である。その柱に据えられたのがiPS細胞・ES細胞、そしてゲノム編集技術であり、その最前線での競争ががん医療を舞台に展開されてきた。

厚生省が「対がん10か年戦略」をスタートさせたのが1984年だった。それ以降、1994年、2004年、2014年と10年ごとに戦略が見直されてきた。また2007年には「がん対策基本法」が施行され、国は一貫してがん対策を医療や健康の柱に据えてきた。がんとともに重点化してきたのが、心臓や血管などの循環器病や糖尿病であり、生活習慣病が柱になって、医療政策が進められてきた。

そして感染症対策の柱に据えてきたのは、公衆衛生ではなく、ワクチンや抗ウイルス剤の開発である。ここにおいても経済効果が優先されてきた。企業のための「健康・医療政策」なのである。この場合、とくに増えたのが、ワクチン接種である。これにより赤ちゃんから子どもの時期に、ワクチン・スケジュールが設定されるほど、絶え間ないワクチン漬けの状態がつくられた。また高齢者へのインフルエンザ・ワクチン接種に見られるように、さまざまな年齢層へも拡大されてきた。ワクチン・メーカーにとってはわが世の春といっていいほどである。しかも、今回のパンデミックではワクチン開発に巨額の国の資金が投入されている。いまワクチンの開発は、すべて遺伝子組み換えやゲノム編集などバイオテクノロジーが用いられている。そのバイオテクノロジーで開発したワクチンの先駆けが、HPV（子宮頸がん）ワクチンで、このワクチン接種によって重篤な副反応が引き起こされた。ワクチン開発もまた、より危険な方向に進んでいるといえる。

ワクチンと並んで開発が進められているのが抗ウイルス剤である。この開発も遺伝子組み換えやゲノム編集技術を用いた開発がほとんどになってしまった。抗ウイルス剤の代表がタミフルである。このタミフルは、異常行動や突然死をもたらすなど、副作用の強さが指摘されてきた。今回実用化に向かって動き出した「アビガン」は抗インフルエンザ薬として開発されたものであり、「レムデシビル」は抗エボラ出血熱薬として開発されたものである。ワクチン同様、抗ウイルス剤もまた開発合戦が起きている。

しかし、人間のDNAの半分以上がウイルス由来である。ウイルスは、外から遺伝子を持ち込み、人間の進化に貢献してきた。肺には170種類ともいわれるウイルスが住み着いており、時には人間を守る重要な働きをしているウイルスもある。抗ウイルス剤は、そのため自分自身を攻撃することになり、重大な副作用を引き起こす危険性がある。アビガンでは、妊娠している女性に投与すると、初期胚を殺す可能性があり、赤ちゃんに影響をもたらす恐れがある。また精液に移行するため、次世代への影響が懸念されている。レムデシビルもさまざまな副作用が指摘されており、特に懸念されるのが肝臓への影響である。

しかも、今回の感染症拡大時には、非常事態であるとして、国を挙げて医薬品とワクチン開発が支援され、臨床実験の簡略化など、異例の形で早期承認が進められてきた。これは副作用や副反応を激化することになりかねない。

ゲノム編集技術が登場して、医療、医薬品開発、食料・農業など幅広い分野で応用が進んできた。その問題点は、なかなか見えづらいものだった。今回、新型コロナウイルスの感染拡大が起きたことで、この技術の問題点がより鮮明になったともいえる。同時に、優生思想、差別と偏見、人権侵害との闘いの困難さを思い知らされた。だからこそ、声を大きくしていい続けることの大切さを、改めて思い知らされたのである。

今回の出版は、ロシナンテ社の四方哲さんのご努力がなければ、かなわなかったものである。ありがとうございました。対談していただいた佐々木和子さん、いつも鋭い指摘を投げかけて下さる利光恵子さん、いつも議論し考え方を共有してきた日本消費者連盟、臓器移植法を問い直す市民ネットワーク、DNA問題研究会の皆さんに感謝したい。最後になったが、この本を出版、販売していただいた解放出版社の髙野政司さんに心より感謝いたします。

天笠啓祐（あまがさ　けいすけ）
1970年早稲田大学理工学部卒、元雑誌編集長、元法政大学・立教大学講師、現在、ジャーナリスト、市民バイオテクノロジー情報室代表、遺伝子組み換え食品いらない！キャンペーン代表。
主な著書に、『知っていますか？ 医療と人権一問一答』『知っていますか？ 脱原発一問一答』『いのちを考える40話』（解放出版社）、『ゲノム操作・遺伝子組み換え食品入門』（緑風出版）、『子どもに食べさせたくない食品添加物』（芽ばえ社）、『地球とからだに優しい生き方・暮らし方』（柘植書房新社）、『遺伝子組み換えとクローン技術100の疑問』（東洋経済新報社）、『この国のミライ図を描こう』（現代書館）、『暴走するバイオテクノロジー』（金曜日）ほか多数。

ゲノム操作と人権　新たな優生学の時代を迎えて

2020年8月15日　初版第1刷発行

著者　天笠啓祐
発行　株式会社　解放出版社
大阪市港区波除4-1-37　HRCビル3階　〒552-0001
電話06-6581-8542　FAX06-6581-8552
東京事務所
東京都文京区本郷1-28-36　鳳明ビル102A　〒113-0033
電話03-5213-4771　FAX03-5213-4777
郵便振替00900-4-75417　HP　http://kaihou-s.com
装幀　綱美恵
本文イラスト　日置真理子
本文レイアウト　伊原秀夫
印刷・製本　萩原印刷株式会社

ISBN978-4-7592-6794-5　C 0036　NDC360　125P　21㎝
定価はカバーに表示しています。落丁・乱丁はお取り替えします。

障害などの理由で印刷媒体による本書のご利用が困難な方へ

本書の内容を、点訳データ、音読データ、拡大写本データなどに複製することを認めます。ただし、営利を目的とする場合はこのかぎりではありません。
また、本書をご購入いただいた方のうち、障害などのために本書を読めない方に、テキストデータを提供いたします。
ご希望の方は、下記のテキストデータ引換券（コピー不可）を同封し、住所、氏名、メールアドレス、電話番号をご記入のうえ、下記までお申し込みください。メールの添付ファイルでテキストデータを送ります。
なお、データはテキストのみで、写真などは含まれません。
第三者への貸与、配信、ネット上での公開などは著作権法で禁止されていますのでご留意をお願いいたします。

あて先：552-0001 大阪市港区波除 4-1-37 HRC ビル 3F
解放出版社
『ゲノム操作と人権』テキストデータ係

テキストデータ引換券
『ゲノム操作と人権』
6794